과학을 대하는 우리의 태도와
물리학자가 바라본 한국 사회

어느
물리학자의
세상 보기

과학을 대하는 우리의 태도와
물리학자가 바라본 한국 사회

어느
물리학자의
세상 보기

2018년 8월 20일 처음 펴냄

지은이 김찬주
펴낸이 신명철
편집 윤정현
영업 박철환
관리 이춘보
디자인 최희윤
펴낸곳 (주)우리교육
등록 제 313-2001-52호
주소 03993 서울특별시 마포구 월드컵북로 6길 46
전화 02-3142-6770
팩스 02-3142-6772
홈페이지 www.uriedu.co.kr

ISBN 978-89-8040-595-4 03400

이 도서의 국립중앙도서관 출판시도서목록(CIP)은
서지정보유통지원시스템 홈페이지(http://seoji.nl.go.kr)에서 이용하실 수 있습니다.
(CIP 제어번호:CIP2018025125)

과학을 대하는 우리의 태도와
물리학자가 바라본 한국 사회

어느
물리학자의
세상 보기

김찬주 지음

우리교육

당신은 대한민국의 '어떤' 사람입니까?

어떤 사람의 정체성을 규정하는 특성은 여러 가지다. 생물학적으로 나는 사람이고 남성이다. 시간상으로는 20세기에 태어나 21세기까지 살고 있다. 나의 의사와 무관하게 대한민국 땅에서 태어나 대한민국 국민이 되었다. 내가 태어난 지 얼마 되지 않아 부모님이 내 이름을 지어주셨다.

나는 물리학자다. "너는 누구냐?"라는 질문에 대해 내가 맨 처음 떠올릴 답변이다. 다른 특성과 달리 이것은 전적으로 나의 의사에 따른 것이다. 나는 어렸을 때부터 과학자가 꿈이었고, 과학의 여러 분야에 대해 알게 된 뒤로는 줄곧 물리학자가 되기 위해 노력했다. 이런 의미에서 '물리학자'는 나의 특성을 규정하는 첫 번째 정체성이다.

나는 교육자다. 대학교수로 재직하면서 대학생들에게 강의하고 있다. 이 특성은 내가 선택한 것이긴 하지만, 반드시

나의 의사에 따른 것은 아니다. 엄밀히 말하자면 교육은 본래 나의 꿈에 없었다. 물리학을 계속하고 싶어 교수가 되었을 뿐이다. 그러자 교육이 회피할 수 없는 의무가 되었다. 나에게 대학교수라는 정체성은 자의 반 타의 반으로 생겨난 것이다. 그러나 어느 순간 교육은, 내가 아니라, 타인의 인생이 결부된 일이라는 것을 깨달았다. 교육은 적어도 수십 명에 달하는 학생들의 미래에 핵심적으로, 그리고 비가역적으로 개입하는 행위인 것이다. 나의 부실한 교육으로 누군가의 삶이 통째로 바뀔지도 모른다고 상상하면 두려움이 몰려들 때도 있다.

이 책은 물리학자라는 정체성을 가진 '나'라는 한 개인이 대학교수로 21세기의 대한민국에서 살면서 보고 느낀 것을 모은 것이다. 글의 주제는 자연히 나의 정체성을 반영하고 있다. 어떤 글은 순수하게 물리나 과학 이야기고, 어떤 글은 물리에서 출발하여 교육이나 한국 사회로 관심이 옮겨가기도 한다.

책 전체에 깔려있는 문제의식은 과학과 삶과의 괴리다. 인류는 고대 그리스의 탈레스와 아리스토텔레스를 거치고 갈릴레이와 뉴턴에 이르러 세상에 대해 체계적이고 확실한 이해를 하는 방법으로 과학적 방법을 정립하였다. 지구상에 현생 인류가 출현하고 나서 짧게 잡아도 10만 년의 시간이 흐른 뒤다. 뉴턴 물리학이 세상에 모습을 드러낸 지 불과 300년 남짓밖에 지나지 않았지만, 그 사이 과학은 경이적인 속도로 발전하였다. 자연의 신비가 속속들이 밝혀졌고 과학의 성과는 일상의 아주 작은 일에 이르기까지 삶에 깊숙이 들어왔다. 이에 비해 인간의 생물학적 특성과 본능은 자연이 신비로 가득하고 두려움과 숭배의 대상이었던 10만 년 전과 거의 다르지 않다. 10만 년 전 형성된 일반적인 인간의 본성에 비추어 극히 최근에 발전한 과학은 부자연스럽고 낯선 것이다. 낯설다고 무시하기에는 과학이 삶에 미치는 영향력이 너무 크다. 과학과 일상적 삶 혹은 본능 사이의 긴장 관계, 과학적 세계관에 대한 이해 부족 현상 등이 이 책의 주요 관심사라 할 수 있다.

책의 앞부분은 주로 물리 이야기다. 과학이나 물리학에 특별히 지식이 없는 일반인의 수준에서 물리학이 어떤 학문인지, 물리학을 연구하는 것이 어떤 의미가 있는지 소개한다. 구체적으로 첫 글에서는 고대 그리스 시대부터 우주론과 초끈 이론에 이르기까지 물리학의 간략한 역사와 성과, 그리고 그것이 어떤 가치가 있고 우리의 삶에 어떤 영향을 미치는지 살펴보았다. 아인슈타인의 상대성이론과 최근의 중력파 발견 및 다중신호 천문학, 2016년 노벨 물리학상을 중심으로 상전이에 대한 쉬운 설명, 양자역학에 대한 짧은 소개 등이 그 뒤를 잇는다.

중반부는 우주선 뉴허라이즌스호, 영화 〈인터스텔라〉 등을 소재로 하여 과학의 가치와 과학 교육에 대해 생각하는 글을 모았다. 과학은 무엇인가? 과학과 과학이 아닌 것은 어떻게 구분하는가? 과학과 종교, 진화와 창조는 어떤 관계인가? 과학과 아무런 직접적 연관성도 없이 살아가는 대부분의 보통 사람이 과학을 배울 필요가 있는가? 잘 알려지지 않은 초등학교 국어 교과서의 치명적 오류를 통해 현재우리나라 과학 교육의 참담한 실태와 과학적 세계관의 중요성에 대해서도 생각해보았다.

후반부는 암흑물질, 전자기력, 상전이 등의 물리학 이론과 함께 뿌리 깊은 불신 풍조, 암흑물질 취급을 받아온 여성과 서민 등 한국 사회의 몇 가지 문제를 짚었다. 2004학년도 수학능력시험의 오류를 14년 만에 처음 발굴한 이야기도 실었다. 마지막으로 '나오는 말'에서는 수능에서 99%의 학생이 외면하는 물리II의 현실과 그 원인을 살펴보고 촛불

혁명으로 한국 사회에서 '상전이'가 일어나기를 바라는 글로 끝을 맺는다.

이 책은 본래 2015년 여름호부터 2017년 겨울호까지 약 3년 동안 계간지 《우리교육》에 '김찬주의 두 개의 세계'라는 칼럼으로 연재했던 글을 모았다. 책을 내면서 현시점에 맞게 약간의 수정과 보완을 거쳤다. 글은 《우리교육》의 주요 독자층인 초중고 선생님을 잠재 독자로 생각하고 쓴 것이다. 《우리교육》에 연재를 시작할 때는 특별히 주제가 정해져 있지 않았으나, 시간이 지나면서 자연스럽게 나의 정체성에 따라 글에 큰 흐름이 생겼다. 책을 내겠다는 생각으로 쓴 글은 아니었는데 (주)우리교육에서 출판을 권유하였다. 내용이 부실하고 분량도 부족하여 많이 망설였는데 출판사에서 훌륭한 책으로 만들어줬다. 깊이 감사드린다. 글에 오류나 부적절한 내용이 있다면 그것은 모두 전적으로 저자의 책임이다. 이에 대한 지적은 무엇이든 겸허히 수용할 것이다.

마지막으로 이 책이 다루는 내용과 무관하지 않은 최근의 사건 두 가지에 대해 덧붙이고자 한다. 최근 우리나라에서는 대학 수학능력시험에서 수학과 과학을 어느 범위까지 포함할 것인지를 놓고 많은 논란이 있다. 학습 포기자가 많다며 수준을 지금보다 더 낮추어야 한다는 주장이 있는 가 하면, 4차 산업혁명 시대를 맞아 오히려 더 많이 가르쳐 야 한다는 주장도 있다. 수준이나 범위를 정하는 것은 물론 중요한 일이다. 그러나 나는 이것이 핵심에서는 약간 벗어난 논란이라고 생각한다. 정말 중요한 문제는 '어떻게 가르칠 것 인가'다. 만 개가 넘는 모든 수학 문제를 유형화하여 초인적 인 속도로 기계적으로 답을 내는 연습, 실제 실험은 해보지 도 않고 모든 실험의 과정과 결과를 통째로 외우는 식의 과 학 수업이 사라지지 않는 한 그 어떤 논의도 큰 의미가 없 다. 최근의 논의를 볼 때마다 부족한 질을 양으로 때우려는 과거의 고질병이 변하지 않고 그대로 남아있는 것 같아 안 타깝다. 왜 아직도 수학이나 과학의 본질에 충실한 교육에 대해서는 본격적인 논의가 없을까?

또 한 가지 사건은 이 책을 마무리하는 시점에 들은 노 회찬 의원의 부음이다. 새벽 버스를 타고 고단한 삶을 이어 가며 '투명인간' 취급을 받는 서민들에 대한 노 의원의 명연 설이 추모 물결과 함께 재조명되고 있었다. 이 책에도 암흑 물질은 투명물질이고 대한민국에도 서민이라는 암흑물질이 있다는 내용이 있다. 이 부분의 원고를 교정보다가 평생의 올곧은 삶이 배어있는 그분의 연설을 접하니 깊은 울림을 느낀다. 노 의원이 꿈꾸던 세상이 꼭 오기를 빈다.

2018년 여름

김찬주

| 차례 |

물리학과 우주의 역사, 그리고 인간

우주 궁극의 질문에 답하는 미약하고 위대한 인간

우주 궁극의 질문과 물리학

세상 만물의 근원은 무엇인가? 우리가 살고 있는 우주는 언제 어떻게 생겨났고 어떤 과정을 거쳐 현재의 우주가 되었으며 미래는 어떻게 될 것인가? 시간은 무엇이고 공간은 무엇인가? 아마도 인간이 지구에 존재한 순간부터 끊임없이 묻고 또 묻던 질문들일 것이다. 누구나 한 번쯤은 어린 시절에, 질풍노도의 사춘기 때, 아니면 생을 정리하는 시점에 답을 찾아보려 노력했을 것이다. 어쩌면 이런 것을 궁금해하고 답을 알고 싶어 하는 것은 인간을 지구에 존재하는 다른 생명체와 구분 짓는 가장 근원적인 속성일지도 모른다. 사실 이 질문은 지구상의 인류에게만 국한된 질문이 아니다. 만약 우주의 어느 곳에 지적 생명체가 존재한다면 그들 역시 같은 질문을 하고 있을 것이다. 먼 훗날 어떤 이유로 지구상에서 인류가 사라진다 해도 우주의 다른 곳에서 계속될 궁극의 질문인 것이다.

문헌에 의하면 신이나 마법 같은 초월적인 힘에 의존하지 않고 인간의 이성으로 합리적 사고를 통해 이런 질문에 답하려고 노력했던 최초의 사람이 탈레스였다고 한다. 탈레스는 철학의 아버지라고 불린다. 오늘날에도 수천 년 동안 케케묵은 이 근원적인 질문에 답하기 위해 노력하는 사람들이 있다. 사람들은 그들을 물리학자라고 부른다.

물리학이 자연철학으로 불리던 17세기에 뉴턴Isaac Newton, 1642~1727은 《자연철학의 수학적 원리Philosophiae naturalis principia mathematica》라는 책을 저술한다. 너무 유명해진 나머지 후대에는 그냥 '원리Prinicipia'로 통하게 된 그 책에서, 뉴턴은 만유인력의 법칙과 운동 법칙 세 가지를 발표함으로써 하늘의 세계와 땅의 세계를 하나로 통일했다. 천상에 고고히 떠 있는 태양과 별과 달과 행성들의 움직임이 땅에서 사과가 아래로 떨어지는 이치와 같음을 보인 것이다. 그리고 그것을 여러 해석의 여지가 있는 모호한 주장이 아니라 엄밀한 수학을 사용해 정량적으로 증명해냈다. 이 과정에서 그는 오늘날 수많은 학생을 수학 포기자로 만들고 있는 미분·적분학을 개발했다. 뉴턴의 법칙은 그가 죽은 지 수십 년 후 어떤 혜성이 지구로 다시 찾아올 것을 예언함으로써, 그리고 그 예언이 사실로 드러남으로써 영속성을 얻었다. 그 혜성은 예언을 한 물리학자의 이름을 따서 '핼리혜성'이 라고 부른다. 핼리혜성은 2061년에 다시 찾아와 땅에 살고 있는 인간 정신의 위대함을 하늘에서 증명할 것이다.

뉴턴에 의해 현재의 완성된 모습을 하게 된 물리학은 19 세기에 이르러 다시 한번 큰 성공을 거둔다. 전기 현상과 자 석의 성질을 연구하다가 이들이 사실은 밀접한 관련이 있음 을 알게 된 것이다. 특히 패러데이Michael Faraday, 1791~1867는 자석을 움직이면 전기가 생기는 것을 알아냈다. 오늘날 우 리는 이 원리를 이용해 발전소에서 전기를 만든다. 수력, 화 력, 원자력 등등 발전소의 종류는 많지만, 이 모든 발전소는 패러데이가 발견한 유도 전류의 원리가 없었다면 단 하나도 만들어지지 못했을 것이다.

맥스웰James Clerk Maxwell, 1831~1879은 전기와 자기를 완전 히 통합하고 이들이 만들어 내는 장의 출렁임, 즉 전자기파 가 우리가 '빛'이라고 부르는 것임을 밝혔다. 빛에는 우리가 눈으로 볼 수 있는 가시광선만 있는 것이 아니다. 자외선, 엑스(X)선, 감마(γ)선, 적외선, 그리고 우리가 전자레인지나

휴대전화, 인터넷, TV, 라디오 등 온갖 곳에 이용하는 전파에 이르기까지 모든 것이 '빛'이다. 이렇게 빛의 정체를 밝힘으로써 우리가 오늘날 고전물리학이라고 부르는 물리학이 19세기 말에 완성되었다.

현대물리학 혁명

이 당시 물리학자들은 물리학이 곧 끝날 거라고 생각했다. 인류가 우주의 모든 비밀을 다 알아내 버렸다고 생각한 것이다. 플랑크Max Planck, 1858~1947가 물리학을 하겠다고 지도 교수를 찾아갔을 때 "물리학에는 더 연구할 것이 없으니 다른 것을 하라."며 말릴 정도였다. 그러나 바로 그때 아무도 예상하지 못한 현대물리학 혁명이 시작된다. 지도 교수의 만류에도 불구하고 소신을 굽히지 않고 꿋꿋이 물리학자가 된 플랑크는 1900년 12월, 세기가 바뀌는 시점에 소위 '양자가설'을 제안함으로써 당대의 모든 지식인을 충격에 빠뜨린 양자역학의 문을 열었다. 그리고 5년 뒤 아인슈타인 Albert Einstein, 1879~1955은 상대성이론을 발표해 혁명을 본격화했다.

상대성이론은 인류가 태곳적부터 가지고 있던 시간과 공간의 개념을 뒤집었다. 시간과 공간은 독립적으로 존재하지 않고 관점에 따라 서로 섞일 수 있다. 우주를 관장하는 절대적인 시간이나 공간도 존재하지 않는다. 시공간은 휘어질 수도 있으며 그 휜 효과가 중력으로 나타난다.

당대 모든 물리학자의 집단 창작물인 양자역학은 물질의 존재 양식과 인식의 틀을 송두리째 바꿔 놓았다. 양자역학은 아인슈타인이 "신은 우주에서 주사위 놀음을 하지 않는다."며 끝까지 거부했을 정도로 충격적인 이론이다. 한편으로는 현재 우리가 사용하는 모든 전자 제품이 양자역학을 기반으로 하고 있을 정도로 우리 삶에 깊숙이 들어와 있다.

오늘날의 물리학은 상대성이론과 양자역학의 두 이론을 바탕으로 매우 빠른 속도로 지난 한 세기 동안 우주의 비밀을 밝혀 왔다.

대폭발 우주

밤하늘에 보이는 수많은 별의 정체는 무엇일까? 연구 결과에 따르면 이들은 본질적으로 태양과 같은 존재다. 다만 지구에서 멀리 떨어져 있기 때문에 태양처럼 밝지는 않을 뿐이다. 이런 별은 2000억 개 정도가 모여서 '우리 은하'라고 부르는 별의 집단을 이룬다. 그리고 태양계는 우리 은하의 중심에서 대략 27,000광년(1광년은 빛이 1년 동안 가는 거리인데 약 9조 5000억km다) 정도 떨어진 변두리에 있다. 이 변두리에서 은하의 중심부를 보면 빽빽하게 몰려있는 별들이 보일 것이다. 마치 북한산에 올라가면 서울 중심부가 빌딩 숲으로 보이듯이 말이다. 이것이 밤하늘에서 견우와 직녀를 가로지르는 은하수의 정체다.

지구에 존재하는 모든 생명체의 근원인 태양이 2000억 개나 되는 별 중에서도 변두리에 있는 평범한 별에 지나지 않는다는 것은 우리가 살고 있는 지구가 얼마나 평범한 곳인지 실감하게 해준다. 하지만 이것이 끝이 아니다. 현재 인류가 관측할 수 있는 우주의 크기는 약 465억 광년(즉, 4조 4000억km를 다시 천억 배 한 거리)으로 그 안에는 우리 은하 같은 다른 은하들이 대략 1조 개 정도 존재하고 있다. 아주 터무니없이 먼 곳을 의미하는 유행어가 된 '안드로메다' 은하는 우리 은하에서 겨우 250만 광년밖에 떨어지지 않은 '이웃' 은하일 뿐이다.

이 거대한 우주는 점점 더 팽창하고 있다. 우주는 어제보다 오늘이 더 크고 오늘보다는 내일이 더 클 것이라는 얘기다. 거꾸로 말해서 백만 년 전에는 지금보다 작았고 십억 년 전에는 훨씬 작았다. 시간을 더 거슬러 가면 우리는 결국 태초의 순간에 도달한다. 138억 년 전의 어느 때, 우주의 모든 것이 한데 몰려 엄청나게 높은 밀도와 온도를 가지고 있던 우주는 대폭발을 일으켰다.

138억 년 전의 대폭발이라니, 인류가 그때 있지도 않았는데 어떻게 그런 것을 확실히 알 수 있느냐고 누군가 반문할지도 모른다. 나름의 종교 혹은 신념을 가지고서 이런 이론은 믿거나 말거나 수준의 얘기 아니냐고 막연히 의혹의 눈길을 보내는 사람도 있을 것이다. 그러나 이 대폭발 우주론은 지난 50여 년 동안 수많은 증거를 축적해왔으며 이미 정설로 자리 잡은 지 오래되었다. 맞느냐 틀리느냐의 수준을 훨씬 뛰어넘어 소수점 몇째 자리까지 관측 결과를 설명할 수 있느냐를 논하는 시대인 것이다.

대폭발 우주론에 대한 대표적인 증거는 '우주배경복사'라고 하는 것이다. 이 이론에 따르면 대폭발이 일어나고 38만 년이 지났을 때 원자들이 생겨나면서 우주 전역에서 빛이 퍼져 나간다. 이 빛은 138억 년이 지난 지금 이 순간에도 우주의 모든 곳을 가득 채우고 있어야 한다. 1964년에 펜

지어스 Arno Allan Penzias, 1933~ 와 윌슨 Kenneth Geddes Wilson, 1936~2013 은 실제로 이런 빛을 검출하여 대폭발 우주론의 예측이 옳음을 입증했다. TV가 지금은 모두 디지털로 바뀌었지만, 얼마 전까지 사용했던 아날로그 TV를 켜면 어느 곳에서나 방송 신호가 없는 채널에서는 '지지직' 하는 잡신호가 잡힌다. 이 중의 일부가 사실은 태초에 생겨난 빛이다. 무심코 지나치는 깨진 화면이 138억 년 전의 대폭발을 입증하는 귀중한 화석인 것이다.

그 이후 많은 증거가 속속 발견되었다. 특히 1990년대 초반 COBE라는 인공위성은 놀라운 정확도로 대폭발 우주론의 예측을 세부적인 부분까지 완벽하게 검증했다. 이에 따르면 우주의 모든 곳에서 절대온도 2.725K에 해당하는 태초의 빛이 오고 있다. COBE는 우주 각 지역이 10만 분의 1의 온도 차이가 있다는 것도 발견했는데, 이 미세한 차이는 138억 년의 시간을 거치면서 수많은 은하와 태양계, 지구, 그리고 생명체를 만들어내게 된다. 초기 우주의 비밀을 벗기기 위해 COBE를 시작으로 WMAP에 이어 현재는 Planck라는 인공위성이 2009년부터 매우 정밀한 관측 자료를 지구로 전송하고 있다.

우주의 미래는 어떠할까? 우주는 영원히 팽창할까? 아니면 팽창이 점점 느려지다가 어느 순간부터는 거꾸로 수축하게 될까? 현시점에 우주의 최종 운명이 어떨지에 대해 정확한 예측은 할 수 없지만 1998년에 괄목할 만한 진전이 있었다. 우주 멀리 있는 초신성에 대한 연구를 통해 우리 우주가 갈수록 더 빨리 팽창하고 있음이 밝혀진 것이다. 만약 이런 '가속 팽창'이 계속된다면 언젠가는 우리 우주에서 사람 같은 생명체는 물론이고 지구, 태양, 은하 등 모든 것이 사라질 것으로 예측된다. 그리하여 궁극적으로 10^{100}년이 지나면 한때 우주를 화려하게 수놓았던 모든 것이 사라지고 전자 같은 기본 입자들만이 외로이 떠돌아다니는 '어둠의 시대dark era'가 도래할 것이다.

WMAP이 관측한 우주의 온도 불균일성
NASA/WMAP, Public domain

모든 것에 대한 이론

최근의 관측 결과에 의하면 우리 우주의 구성 성분은 우리가 아는 것보다 모르는 것이 훨씬 많다. 2000억 개의 별이 모인 엄청난 크기의 은하, 그리고 그런 은하가 다시 1조 개, 인간의 감각으로는 가늠하기조차 힘든 이 엄청난 양의 물질들, 그러나 많은 연구 결과를 종합하면 이 엄청난 양의 물질들은 우리 우주 구성 요소의 단 5%에 불과하다고 한다. 나머지 95%는 27%가 물질이고 68%가 에너지일 가능성이 크다는 것만 밝혀냈을 뿐 정체는 아직 오리무중이다. 정체를 전혀 모르므로 이들의 이름을 일단 각각 암흑 물질, 암흑 에너지라고 붙였다. 이들의 성질을 규명하는 것은 현재 물리학에서 가장 중요한 문제 중의 하나다.

이제 다시 대폭발이 일어났던 우주 초기로 돌아가 보자. 138억 년 전 어느 시점에 대폭발이 일어났다면 그 '전'에 우리 우주는 어떤 모습이었을까? 이에 대해서는 아직 답을 알고 있지 못하다. 그것은 대폭발 시점을 정확히 설명할 수 있는 이론이 아직 없기 때문이다. 앞에서 현대물리학은 상대성이론과 양자역학이라는 두 이론을 기본 바탕으로 발전하고 있다고 했다. 그런데 이 두 이론이 대부분의 상황에서는 서로 조화롭게 결합하지만, 엄청난 에너지가 극미의 지점에 모여 있을 때는 서로 모순되는 결과를 낳는다. 대폭발이 일어났던 우주 초기가 바로 이런 상황인 것이다. 이 때문에 대폭발부터 10^{-36}초(즉, 조의 조의 조 분의 1초)의 시간 사이에 무슨 일이 벌어졌는지는 아직 전혀 모른다. (그 이후에 대해서는 비교적 잘 알고 있다.)

물론 10^{-36}초는 인간의 감각으로는 완전히 무의미한 짧은 시간에 불과하다. 하지만 이 짧은 시간이 물리학자들에게는 우주 궁극의 비밀이 숨어있는 보물 창고다. 이 보물 창고를 열기 위해 물리학자들은 상대성이론과 양자역학을 완전히 통일하고 하나의 최종 이론, 즉 '모든 것에 대한 이론Theory of everything'을 완성하기 위해 노력하고 있다.

이에 대한 유력한 후보로 현재 '초끈 이론superstring theory' 혹은 'M-이론'으로 부르는 이론이 거론되고 있다. 비록 아직 미완성이지만 초끈 이론은 지금까지의 연구 결과만으로도 우주의 근원적 모습에 대해 많은 것을 시사한다. 이에 의하면 우주 궁극의 물질은 아주 작은 끈 모양을 하고 있다. 이 끈이 진동하는 형태에 따라 다양한 물질로 나타난다. 그리고 우리 우주는 1차원의 시간과 10차원의 공간으로 되어있다. 이 중에서 공간 7차원이 아주 작게 말려있어서 우리는 가로, 세로, 높이의 3차원 공간만 인식할 뿐이다. 2차원 평면인 종이를 둘둘 말아 멀리서 보면 1차원 직선처럼 보이는 것과 마찬가지 이유다.

초끈 이론에 의하면 우주가 유일하지 않을지도 모른다. 우리 우주universe는 엄청나게 많은 우주 중의 하나에 불과할 수도 있다. 이런 우주를 모두 합하여 다중 우주multiverse라고 부른다. 초끈 이론에서는 궁극적으로는 시공간조차도 우주의 가장 근본적인 구성 요소가 아닐 것으로 본다. 더 근원적인 새로운 개념으로 대치되어야 한다는 것이다. 지난 20여 년간 활발하게 연구되고 있는 '홀로그램 원리' 등은 이런 추측에 신빙성 있는 이론적 근거를 제시하고 있다. 그러나 현재 이 시점에서 초끈 이론은 완성되지 않았다. 최종적으로 어떤 모습을 하게 될지 아무도 모른다.

인류의 역사는 아무리 멀리 잡아도 수백만 년에 불과하다. 언젠가는 다른 생물들처럼 인류도 사라질 것이다. 인류가 지구상에 존재하는 이 유한한 시간 동안 궁극의 이론이 완성될 수 있을까? 어떤 천재가 내일 당장 모든 것을 완성할 수도 있고 미완성인 채로 인류가 종말을 맞이할 수도 있다. 하지만 인류가 사라져도, 만약 우주에 인간 외에 다른 지적 생명체가 존재한다면 틀림없이 그들도 그 연구를 할 것이다.

미약하고 위대한 인간

우주 궁극의 물질과 법칙, 우주의 역사와 미래에 대해 연구하다 보면 두 가지 상반된 느낌이 들게 된다. 첫째로는 우주에서 지구가 차지하고 있는 미약함이다. 지구는 전 우주적인 관점에서 보자면 지극히 평범한 곳에 있는 티끌보다도 작은 존재다. 이곳에서 인간은 100년 정도의 삶을 살다 갈 뿐이다. 다른 하나는 역설적으로 이러한 한없는 미약함으로 인해 생겨나는 정반대의 느낌이다. 티끌 속의 티끌보다도 못한 인간이 도대체 어떻게 우주 궁극의 원리와 우주의 운명에 대해 알게 되었을까? 인류가 이룩한 지적 문명의 위대함은 결코 지구라는 지리적 한계에 의해 제약되지 않는다.

밀레토스의 탈레스는 밤에 별을 보고 걸으며 하늘의 이치에 대해 탐구하다가 우물에 떨어져 하녀에게 어리석은 인간으로 비웃음을 샀다고 한다. 하지만 수많은 또 다른 탈레스들의 그 어리석음이 모여 오늘날의 위대한 지적 진보가 가능했을 것이다. 1915년 11월은 그 수많은 탈레스 중 한 명인 아인슈타인이 일반상대성이론을 발표했다. 그 후 100년 여가 지난 현재, 우리는 우주에 대해 이만큼 알게 되었다. 앞으로 100년 후에 인류는 우주에 대해 얼마만큼 알고 있을까?

중력파와 상대성이론

인간을 가장 인간답게 하는 학문, 과학

중력파의 발견

　설마 하던 일이 정말 일어나버렸다. 솔직히 이렇게 빨리 중력파를 발견하리라고는 생각하지 못했다. 검출기를 가동하기 시작한 것이 2015년 9월인데 거의 가동과 동시에 중력파가 발견되었다. 2015년 9월 14일 오전 5시 50분 45초(국제표준시). 시간과 공간이 아무 변화도 없이 고요한 무의 존재가 아니라 때로는 격렬히 요동치는 역동성을 가지고 있다는 신호를 인류가 최초로 감지한 시각이다. 이 신호는 13억 광년 정도 떨어진 곳에서 블랙홀 두 개가 하나의 무거운 블랙홀로 합쳐지는 마지막 순간에 0.15초에 불과한 짧은 시간 동안 나온 중력파다. 그로부터 5개월 뒤인 2016년 2월 11일. 모든 다른 가능성을 배제하고 99.99997%의 확률로 그 신호가 정말 중력파였다는 것을 공식적으로 발표한 날이다. 아인슈타인이 일반상대성이론을 완성한 것이 1915년이고 그로부터 중력파의 존재를 예측한 것이 1916년이니, 정확히 100년이 지나서 중력파가 발견되고 또한 공표되었다. 물리학자의 한 사람으로 이 역사적 순간을 지켜보았다는 것이 감개무량하다. 중력파를 검출한 곳은 라이고 간섭계 중력파 관측소LIGO, Laser Interferometer Gravitationalwave Observatory다. 관측소라고 하면 어떤 건물 하나를 상상하기 쉽다. 그런데 이 경우는 똑같이 생긴 검출기 두 개가 서로 3000km 떨어진 곳에 건설되어있다. 이것은 두 검출기를 독립적으로 운영하여 상호 검증이 가능하게 한 것이다. 두 검출기 중 하나는 미국 루이지애나 주의 리빙스턴, 다른 하나는 워싱턴 주의 핸포드에 있다. 사진에서 보듯이 검출기의 모양은 ㄱ자를 하고 있다. 한쪽 팔 길이가 무려 4km여서 항공사진을 찍어야 전체의 모습이 겨우 들어온다. 여기에 중력파가 지나가면 팔의 길이가 미세하게 변한다. 이 변화를 알아내기 위해 하나의 레이저를 두 팔에 쪼개어 보내고 반사되어 돌아온 두 레이저를 분석하는 것이 이 검출기의 원리다.

검출기가 이렇게 큰 것은 중력파의 신호가 매우 약하기 때문이다. 중력파가 지나가면 팔의 길이가 10^{-21}배 정도 변

미국 핸포드에 있는 라이고 검출기
출처:www.ligo.org, public domain

미국 리빙스턴에 있는 라이고 검출기
출처:www.ligo.org, public domain

한다. 그러므로 최대한 팔의 길이를 길게 해야 이 미약한 변화를 검출할 수 있다. 라이고 팔 길이인 $4km$의 10^{-21}배면 $4 \times 10^{-16} cm$이다. 이것은 원자핵을 구성하는 양성자 하나 크기의 0.4%에 불과하다. 좀 더 실감 나게 비유하자면, 이 변화는 지구와 태양 사이의 거리가 머리카락 굵기의 100만 분의 1 정도 변하는 것에 해당한다. 이번의 발표는 이 미약한 변화가 서로 $3000km$ 떨어진 두 검출기에서 0.007초의 시간 차이를 두고 0.15초 동안 일어났다는 것이다. 그리고 그 변화가 아인슈타인의 일반상대성이론이 예측한 이론적 결과와 99.99997%의 확률로 일치한다는 것이다.

이렇게만 얘기를 하면 실감이 잘 나지 않으니 구체적으로 실험 결과를 살펴보자. 37쪽 그림이 실제 논문에 발표된 것인데 왼쪽 열은 핸포드, 오른쪽 열은 리빙스턴 검출기의 결과다. 언뜻 보기에도 왼쪽과 오른쪽의 그래프가 거의 같은 모양을 하고 있다. 이것은 이 신호가 $3000km$ 떨어진 두 검출기에 모두 포착되었음을 의미한다. 만약 어느 한 검출기에서만 신호가 나타났다면 그것은 그 신호가 진짜 신호가 아니거나 검출기가 제대로 작동하고 있지 않았다는 뜻일 것이다. 그러나 그래프에서 보듯이 두 검출기는 잘 작동했고 이 신호는 외부의 잡신호가 아니라 진짜 신호다. 이 신호의 최

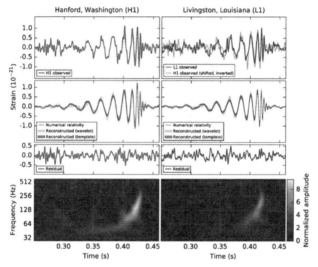

라이고 검출기의 중력파 신호

대 진폭은 세로축의 Strain(10^{-21})에서 보듯이 본래 길이의 10^{-21}배다.

이제 각 열에서 가장 위쪽 그림을 보자. 이것이 검출기에서 실제로 관측한 신호다. 이 신호에는 외부의 다양한 요인에 의해 끼어들어 온 잡신호가 섞여있다. 이들을 제거하면 두 번째 그림에서 두껍고 희미한 곡선이 된다. 두 번째 그림의 가늘고 선명한 곡선은 일반상대성이론으로 예측한 곡선이다. 그림에서 보듯이 이 두 곡선은 서로 구분하기 힘들 정도로 딱 들어맞는다. 가장 아래 그림은 이 신호가 시간에 따라 어떻게 진동했는지 보여준다. 신호가 보이기 시작하여 끝날 때까지 0.15초가 채 걸리지 않았다.

아인슈타인의 상대성이론

그런데 중력파라는 것이 과연 무엇일까? 전 세계가 왜 이 발견에 흥분한 것일까? 이 발견은 인류의 미래에 어떤 영향을 미칠까? 이런 질문에 답하기 위해서는 지금부터 100년 전 아인슈타인이 발표한 상대성이론에 대해 잠시 살펴볼 필요가 있다.

상대성이론은 물론 아인슈타인의 최대 업적이자 오늘날 아인슈타인을 유치원생도 알 정도로 유명하게 만든 이론이다. 상대성이론을 한마디로 요약하자면, 수백만 년의 인류 역사를 거치며 인간이 쌓아 올린 시간과 공간의 개념에 대해 근본적인 혁명을 일으킨 이론이라고 할 수 있다. 상대성이론에는 특수상대성이론과 일반상대성이론의 두 가지가 있는데 각각 1905년과 1915년에 완성했다. 보통은 '특수'가 '일반'보다 어려운 것을 나타낼 때 사용하지만 이 경우는 반대다. '특수'는 특수한 상황에서만 적용된다는 뜻이고 '일반'은 일반적으로 모두 적용된다는 뜻으로 사용한 것이다.

특수상대성이론은 시간과 공간이 독립적이지 않고 서로 섞일 수 있다는 것을 알려준다. 누구에게나 똑같이 적용되고 우주 전체의 기준이 되는 절대시간이나 절대공간은 존재하지 않는다. 사람 한 명 한 명마다, 더 나아가서 우주에 존재하는 원자 하나하나마다 모두 제각각의 기준으로 시간이 흘러가고 길이가 달라진다. 그래서 상대성이론에서는 시간과 공간을 따로 분리하지 않고 하나로 합쳐서 시공간이라고 부른다. 우리가 살고 있는 우주는 4차원 시공간이다.

일반상대성이론은 시간과 공간이 단순히 섞이는 것을 넘어서서 휘어지기도 한다는 것을 알려준다. 시공간이 휜다는 것이 도대체 무슨 뜻인지 일상 경험의 지배를 받는 인간의 상식으로는 도저히 상상이 안 되는 얘기다. 하지만 아인슈타인은 특수상대성이론을 발표한 뒤 10년간의 고독한 연구 끝에 이러한 결론에 도달했다. 이것은 아무런 현실적, 실험적 필요성이 없었음에도 불구하고 순전히 우리 우주는 이러해야만 한다는 깊은 사유의 결과였다. 당시의 첨단 수학이었던 미분기하학을 이용하여 그가 최종적으로 완성한 일반상대성이론의 기본 방정식은 다음과 같다.

$$G_{\mu\nu} = \frac{8\pi G}{c^4} \, T_{\mu\nu}$$

이 식을 아인슈타인 방정식이라고 부른다. 이 식의 깊은 의미를 이해하기는 쉽지 않다. 그러나 난해한 피카소의 그림을 누구나 감상할 수 있듯이 이 식도 대강의 의미는 파악할 수 있다. 우선 좌변의 $G_{\mu\nu}$는 아인슈타인 텐서라고 부르는 양이다. 우리 우주의 시공간 구조와 모양을 나타낸다. 우주의 어디가 어떻게 휘고 혹은 구멍이 났는지 등등의 기하학적인 정보를 담고 있다고 할 수 있다. 우변의 $T_{\mu\nu}$는 에너지-운동량 텐서라고 부른다. 우리 우주에 존재하는 모든 물질과 에너지의 분포를 나타낸다. G는 뉴턴 상수라고 하는

데 중력을 특징짓는 수이고 c는 빛의 속도다. 즉, 우변은 물질과 에너지, 중력, 그리고 빛에 대한 정보를 담고 있다. 그런데 좌변과 우변이 같다는 것이 바로 이 식의 의미다. 다시 말하면 우리 우주에 존재하는 물질과 에너지가 바로 우주의 구조를 결정한다는 것이다. 혹은 우주의 구조를 보면 물질과 에너지의 분포에 대해 알 수 있다는 것이기도 하다. 이 식 하나에 우주의 탄생부터 죽음까지 우주의 운명이 들어 있다고 할 수 있다.

뉴턴의 중력과 아인슈타인의 중력, 그리고 중력파

뉴턴이 발견한 만유인력, 즉 중력은 우주에 존재하는 모든 물질이 서로 잡아당긴다는 것이었다. 여기에는 오랜 의문이 있었다. 뉴턴에 따르면 이 힘은 순식간에 작용한다. 지구가 사과를 잡아당길 때도, 태양이 1억5000만km나 떨어진 지구를 잡아당길 때도, 혹은 지구에 있는 티끌이 수십억 광년 떨어진 은하를 잡아당길 때도 순식간에 작용한다는 것이다. 중력이 왜 모든 물체에 작용하는지, 그리고 시간이 조금도 걸리지 않은 채 텅 빈 우주 공간을 가로질러 전달되는지 뉴턴은 답하지 않았다.

아인슈타인은 이에 대해 다음과 같이 설명한다. 앞의 방정식에서 본 것처럼 모든 물체는 우주에 그냥 놓여있는 것이 아니라 제각각 시공간을 휘게 만든다. 물체에 가까운 곳은 많이 휘고 먼 곳은 적게 휘며 물체가 무거울수록 많이 휜다. 비유적으로 설명하자면 고무판 위에 무거운 공을 올려놓았을 때 고무판이 휘는 것과 비슷하다. 고무판에 작은 구슬을 굴리면 구슬이 공 옆을 지나갈 때 똑바로 가지 못하고 휘어지거나 아예 움푹 파인 곳을 빙빙 돌 것이다. 마찬가지로 우주에서도 태양이 휘어놓은 시공간에서 지구가 빙빙 도는 것이다. 바로 이것이 중력의 실체다.

만약 고무판 위에서 물체를 없애면 어떻게 될까? 고무판이 평평해질 것이다. 그런데 잘 생각해보면 곧바로 평평해지지는 않을 거라고 짐작할 수 있다. 마치 연못에 돌멩이를 던지면 연못 표면이 출렁이듯이 고무판도 출렁일 것이다. 위로 올라갔다 내려갔다 하면서 물체가 없어진 효과가 점차 고무판 멀리까지 파동처럼 출렁이며 전달될 것이다. 바로 이런 일이 우주에서도 일어난다고 아인슈타인은 설명한다. 실제로 아인슈타인 방정식을 수학적으로 풀어보면 이런 파동이 있어야만 한다는 것을 알 수 있다. 이것이 바로 중력파다.

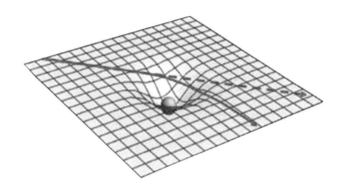

중력파의 속도는 빛의 속도와 같다. 즉, 중력파는 우주에 놓인 어떤 물체의 변화를 우주의 모든 곳에 빛의 속도로 전파한다. 그러므로 시간이 전혀 걸리지 않고 순식간에 힘을 작용시킨다는 뉴턴의 이론은 틀린 것이다. 그리고 우주에 존재하는 그 어떤 것도 모두 중력파를 만들어낸다. 지구도, 지구를 떠다니는 티끌 하나도 모두 사소한 움직임 하나하나가 다 중력파를 만들어낸다. 이 글을 읽는 독자도 예외가 아니고 이 글이 인쇄될 책도 예외가 아니다.

그런데 이렇게 모든 곳에 중력파가 존재하고 끊임없이 만들어지고 있다면 왜 검출에 100년이나 걸린 것일까? 그것은 비록 어디에나 중력파가 있긴 하지만 너무 세기가 약하기 때문이다. 지구는 물론이고 심지어는 태양이 만들어내는 중력파도 너무 미약하다. 보통의 별들이 평상시에 운동할 때 나오는 중력파는 인간이 도저히 검출할 수 없는 세기다. 어떤 극단의 천체, 그리고 그런 천체가 벌이는 극한의 상황을 생각하지 않으면 안 된다.

우주에서 상상할 수 있는 가장 극단의 천체는 바로 블랙홀이다. 블랙홀은 물체가 너무 무거워서 시공간이 휘어지다 못해 구멍이 난 것이다. 그리고 이 블랙홀이 벌이는 극한의 상황은 두 블랙홀이 서로 충돌하여 하나로 합쳐지는 것이다. 2015년 9월에 라이고에서 발견한 중력파는 태양 질량의 36배와 29배인 두 블랙홀이 충돌하여 62배 질량의 블랙홀 하나로 합쳐지면서 나온 것이다. 이 중력파가 가지고 나온 에너지는 태양 질량의 3배에 달한다(36과 29를 더하면 65인데 여기서 62를 빼면 3이다). 즉, 우주에서 태양 세 개가 증발하면서 그 모든 것이 중력파로 바뀐 것이다. 순간 최대 방출 에너지로 보자면 관측 가능한 우주 전체에서 나오는 모든 빛 에너지의 50배에 달하는 막대한 양이다.

이 엄청난 에너지가 우주 전역에 방출되었다. 그중 극히 일부가 13억 년이라는 기나긴 세월 동안 우주를 여행하여 지구에 도착하였다. 그 신호가 라이고 검출기를 0.15초 동안 머리카락 굵기의 20조 분의 1만큼 움직였을 때, 인류가 놓치지 않고 그것을 포착했다. 그리고 그 신호의 세부 모양을 보고 13억 년 전 두 블랙홀의 충돌에서 비롯된 것임을 일반 상대성이론으로 재구성할 수 있었던 것이다. 13억 년과 0.15초, 13억 광년과 머리카락 굵기의 20조 분의 1. 이 두 극한의 시간과 거리가 100년 전 아인슈타인의 이론으로 연결되었다. 이것이 중력파 검출의 의미다.

라이너 바이스Rainer Weiss, 1932~, 킵 손Kip Thorne, 1940~, 배리 배리시Barry Barish, 1936~는 중력파 발견의 공로로 2017년 노벨 물리학상을 받았다. 논문 발표 후 1년 만의 수상이다. 보통 노벨상은 수상까지 수십 년이 걸린다. 학문적 성취는 물론이고 파급 효과까지 고려하여 수상자를 결정하기 때문이다. 하지만 이 경우는 100년간 기다려온 발견이다. 향후 물리학과 천문학에 미칠 영향력 또한 막대하므로 지체 없이 수상을 결정한 것으로 보인다.

중력파와 인류의 미래

이 발견으로 인류의 미래는 어떻게 달라질까? 아마도 거의 단언할 수 있는데 중력파가 인간의 삶에 직접 끼치는 영향은 하나도 없을 것이다. 인류는 이 발견을 이용하여 아무런 물질적 풍요도 얻을 수 없다. 현재도 그렇고 앞으로도 그럴 것이다. 그럼에도 불구하고 거의 즉각적인 노벨상 수상에서 보듯이 인류는 이 발견을 역사책에 길이 기록할 것이다. 또한 이 검출기를 더욱 발전시켜 더 큰 규모로 더 정밀한 검출기를 만들고 수많은 중력파를 발견해낼 것이다. 실제로 이미 유럽에서는 비르고VIRGO라는 검출기를 완성하여 가동하고 있으며, 일본과 인도에서도 새로운 검출기를 건설하고 있다. 향후 우주 공간에도 검출기를 띄울 계획이다.

과학적 측면에서 보면 우주 관측은 중력파 발견 전과 후로 나뉠 만큼 크게 바뀔 것이다. 지금까지 우주는 빛, 그리고 최근에는 극히 제한적으로 중성미자라는 입자를 이용하여 관측할 수밖에 없었다. 중력파는 이들과 완전히 다른 새로운 관측 수단이다. 비유하자면 인류가 다섯 감각 중에 시각만 있었다가 어느 때부터 청각이 생긴 것과 같다. 시야가 가려져 전혀 인지도 못 하던 사건들을 소리로 알 수 있게 된 순간, 이전까지는 상상도 못 하던 새로운 세계가 존재하는 것을 깨닫게 될 것이다. 그리고 매 순간 시각과 청각을 동시에 활용하여 주변을 탐구해나갈 것이다. 중력파는 2015년에 인류가 새롭게 얻은 감각 신호다.

2015년 최초의 중력파 발견 이후 2018년 현재까지 이미 여러 건의 중력파가 새롭게 발견되었다. 한 건을 제외하고는 모두 두 블랙홀이 하나로 합쳐질 때 나온 것이다. 2017년에 발견된 중력파는 두 블랙홀이 아니라 두 중성자별이 합쳐져 블랙홀로 될 때 나온 것이었다. 중성자별은 블랙홀과는 달리 빛으로도 관측할 수 있다. 2017년 8월 17일 12시 41분 4초(국제 표준시)에 라이고와 비르고에서 중력파를 관측한 학자들은 신호의 위치를 추적하여 전 세계 연구소에 즉시 통보하였다. 그리고 인류 역사상 최초로 전 세계 70여 개 연구소, 4000여 명의 천문학자와 물리학자가 사용 가능한 망원경을 총동원하여 공동으로 두 중성자별의 병합을 관측하고 분석하였다. 이른바 다중신호 천문학이라는 학문 분야가 본격적으로 모습을 드러낸 순간이었다. 앞으로 한 세대가 가기 전에 인류는 다중신호 천문학으로 우주의 수많은 비밀을 벗길 수 있을 것이다.

물론 이런 연구에는 천문학적인 돈이 들어갈 것이다. 그럼에도 먹고 사는 데 아무런 도움도 안 되는 이런 일에 여러 나라가 앞다투어 참여하는 이유는 크게 두 가지다. 첫째는 강바닥을 파헤치는 것과는 달리, 이런 첨단연구를 성공시키기 위해 새롭게 개발하는 기술은 먹고 사는 데에 큰 도움이 되기 때문이다. 각국의 정부는 이런 부산물을 바라보고 투자를 하고 학자들은 이 자본으로 자기들의 호기심을 충족시키는 동상이몽이 절묘하게 맞아떨어진다고 할 수 있다. 둘째는 꼭 그런 부산물이 없다고 해도 이런 연구가 인류의 지적 수준을 결정짓는 역할을 하기 때문이다. 그림을 그리거나 시를 쓰는 것이 어떤 현실적 필요 때문에 하는 것이 아니듯이, 중력파를 연구하고 우주의 비밀을 벗기는 것이 꼭 먹고 사는 것과 관련이 있을 필요는 없다. 그림이나 시를 그 자체로 감상하듯이 과학의 성취는 인류 지적 문명의 정수로서 큰 가치가 있다. 과학을 하는 것은 인간을 가장 인간답게 하는 행위다.

난해한
2016년 노벨 물리학상

본질적으로 전혀 실용적이지 않은 학문의 위대함

10월에 찾아오는 자괴감

10월이 오면 대한민국은 매년 마법에 걸린다. 10월 초 일
주일은 1년 52주 중에서 유일하게 과학이 관심을 받는 기간
이다. 정부 해당 부처와 각 언론사의 과학담당 기자는 행여
놓칠세라 잔뜩 긴장하며 지구 건너편의 작은 나라를 주시
한다. 전체 인구가 서울보다도 적은 스웨덴의 노벨상 발표를
기다리는 것이다. 김대중 전 대통령이 2000년에 노벨 평화
상을 받아 이제 노벨상 수상 국가가 되긴 했지만, 아직 노벨
상에 대한 국민적 갈증은 여전하다. 뭐니 뭐니 해도 노벨상
의 꽃은 과학상이다.

과학상 발표 내용에는 워낙 전문적인 것이 많아서 언론
사 안에서 자체적으로 기사를 쓰기 어렵다. 공식적인 수상

이유를 봐도 일반인은 이해할 수 없는 내용이 대부분이다. 그래서 정부와 각 언론사는 미리 해당 분야의 전문가를 섭외하여 발표되는 즉시 수상 이유에 대한 해설을 의뢰한다. 그런데 전공자라고 해도 해설이 쉽지 않다. 예를 들어 물리학에는 크게 봐도 세부 전공이 열 가지가 넘으므로 아무리 기본 지식이 있다 해도 세부 전공과 동떨어진 내용을 접하면 곧바로 이해하기가 어렵다. 이 때문에 언론에서는 복수의 전문가를 섭외해두었다가 상황에 맞게 해설을 요청한다고 한다. 매번 노벨상 발표 시기가 되면 어떤 세부 전공에서 노벨상이 나올지 여러모로 추측해보지만 적중률이 그리 높은 편은 아니다.

2016년에도 어김없이 10월 3일부터 5일까지 생리의학상을 필두로 물리학상, 화학상이 차례로 발표되었다. 생리의학상은 일본인이 단독으로 수상하였고, 물리학상은 영국계 미국인 3명, 화학상은 프랑스인, 미국인, 네덜란드인 한 명씩이 각각 수상하였다. 물론 우리나라 수상자는 없다.

일본인 수상자는 우리나라 사람들의 특별한 관심사다. 일본은 2017년까지 22명의 과학상 수상자를 배출하였다. 특히 2014년부터 3년간은 매년 수상자가 나왔다. 일본과의 대결이라면 사소한 스포츠 경기 하나에도 범국민적 의미를 부여하는 국민감정으로 볼 때, 노벨상에서 이룩한 일본의 성과는 대한민국 국민을 견디기 어려운 자괴감으로 몰아넣는다.

수상자 발표가 끝나면 통과 의례처럼 후속 기사가 이어진다. 왜 우리나라는 아직 노벨 과학상 수상자가 없는가, 최초 수상자는 언제 나올까, 현재 노벨상에 근접한 학자들은 누구인가, 노벨상을 받기 위해서는 앞으로 어떻게 해야 하는가, 과학 정책 이대로 좋은가 등등. 혹시 국내에 방문한 외국 수상자가 있다면 인터뷰를 요청하여 우리나라 과학 수준이나 과학 정책에 대해 진단을 받기도 한다. 그리고 거의 항상 뻔한 결론에 도달한다. 노벨상은 올림픽 금메달 따듯이 하면 안 된다, 남들이 하는 연구를 하면 안 되고 독자적으로 연구 분야를 개척해야 한다, 주입식 교육에서 탈피하여 창의성을 중시하는 교육을 해야 한다 등등.

노벨상 발표 후 일주일 정도가 지나면 이 모든 호들갑은 언제 그랬냐는 듯이 순식간에 자취를 감추고 사라진다. 그리고 다음 해 10월이 올 때까지 과학은 다시 아이들의 영재 교육 정도에서나 관심을 끌 뿐이다.

난해한 2016년 노벨 물리학상

2016년 노벨 물리학상 수상자는 데이비드 사울레스David J. Thouless, 1934~, 덩컨 홀데인F. Duncan M. Haldane, 1951~, 마이클 코스털리츠J. Michael Kosterlitz, 1942~ 세 명이다. 모두 영국에서 태어났고 현재는 미국 대학에서 교수로 있다. 이들의 수상 업적은 1970년대와 1980년대에 발표한 것으로서 이미 30년도 더 지났다. 발표 당시부터 획기적 연구로 인정받았다고 보긴 어려우나 시간이 지나면서 점차 중요성을 인정받게 되었고 앞으로도 파급 효과가 더 커질 것으로 보인다.

노벨상 중에서도 물리학상은 일반인의 관심이 높아서 보통 자세한 해설 기사가 실린다. 2016년에는 그런 기사가 전혀 없었다. 이때 특별히 국내 과학 기자가 게을렀거나 무능

왼쪽부터 2016년 노벨 물리학상 수상자인 데이비드 사울레스, 덩컨 홀데인, 마이클 코스털리츠

했기 때문은 아니고 전 세계적으로도 사정이 비슷했다. 노벨 물리학상 역사상 가장 난해하다고 평가할 정도로 수상 업적을 이해하기 어려웠기 때문이다. 노벨상 위원회에서 공식적으로 발표한 업적은 "위상적 상전이topological phase transition와 물질의 위상적 상topological phase of matter에 대한 이론적 발견"이다. 이 이론을 왜곡 없이 일반인도 이해할 수 있게 설명하는 것은 사실상 불가능하다. 이론의 핵심 개념 자체가 대학교 물리학 수준에도 나오지 않을 정도로 어렵다. 물리학과 교수들조차도 대부분 피상적인 이해에 머물러 있을 뿐이다. 나 또한 이 분야의 전문가가 아니어서 세부적인 내용까지 정확하게 알고 있지는 못하다. 이 주제에 대해 공부한 경험이 있어 그나마 다른 비전문가보다는 익숙한 편이다.

노벨 물리학상 수상 업적 해설

이런 근원적인 문제점에도 불구하고 비유를 곁들여 수상 업적에 대해 약간의 설명을 해보고자 한다. 공식 발표문을 보면 세 용어가 등장한다. '위상topology', '상phase', '전이

transition'. 이 중에서 가장 쉬운 용어는 '상'인데 누구나 잘 아는 것이다. 물을 예로 들어보자. 물은 상온에서 액체지만 영하의 온도에서는 얼음으로, 100℃가 넘는 온도에서는 수증기로 존재한다. 이처럼 같은 물질이라 해도 외부 조건에 따라 나타나는 모습이 다를 수 있다. 이런 모습들을 물질의 '상'이라 한다.

'상전이'는 상이 바뀌는 것을 뜻한다. 보통 외부 조건의 변화에 따라 상전이가 일어난다. 물의 경우에는 온도가 바뀐다. 그런데 우리가 늘 경험하듯이 물의 상은 온도 변화에 비례하여 달라지지 않는다. 예를 들어 영하의 온도에서는 얼음으로만 존재하고 온도를 서서히 올려도 계속 얼음으로 있다가 0℃라는 특정한 온도가 되면 그제야 물로 바뀌기 시작한다. 또한 외부 온도를 영상으로 높여도 얼음이 물로 다

같은 물질이라도 여러 가지 상이 존재하고 온도 등의 외부 조건이 변화하면 한 상에서 다른 상으로 상전이가 일어난다. (Yelod-Wikimedia, CC BY-SA 3.0)

바뀌기 전인 물-얼음 혼합 상태일 때는 자체 온도가 계속 0℃를 유지한다. 마침내 모든 얼음이 물로 다 바뀌면 그때부터 자체 온도가 외부 온도를 따라 영상으로 올라가기 시작한다. 일반적으로 상전이는 이처럼 특정한 조건에서만 일어난다. 또한 물질의 어느 한 부분만 바뀌는 것이 아니라 모든 부분이 전면적으로 바뀐다. 말 그대로 상전벽해가 일어나는 것이다.

마지막으로 '위상'은 수학과에서 보통 4학년 때 배우는 수학 용어다. 위상수학은 19세기 말부터 본격적으로 발전하여 현대 수학에서 매우 중요한 위치를 차지하는 분야다. 어떤 도형이나 구조 혹은 공간에 대해 연구하는데 세부 모양이 아니라 본질적인 특성에 주목한다.

위상수학의 쉬운 예로 구와 정육면체를 비교해보자. 구는 표면이 매끈하고 정육면체는 각이 져 있다는 점에서 차이가 있다. 하지만 위상적으로는 같은 부류로 분류한다. 왜냐하면, 구를 밀가루 반죽처럼 마음대로 늘이고 줄일 수 있는 재질이라고 생각했을 때 반죽을 찢거나 붙이지 않고 서서히 모양을 바꿔 정육면체로 만들 수 있기 때문이다. 한편 도넛은 구처럼 표면이 매끈하지만 구와는 위상적으로 다르다. 구를 서서히 변화시켜 도넛을 만들 수 없기 때문이다. 도넛

위상수학적으로 구와 정육면체는 같은 부류이고, 도넛과
머그잔도 같은 부류다. 그러나 구와 도넛은 다른 부류다.

모양을 만들려면 구의 내부에 구멍을 내거나 구 일부를 길
게 늘여 다른 쪽에 붙여야만 한다. 이런 과격한 변화가 없으
면 구멍의 개수를 변화시킬 수 없다. 반면에 손잡이가 달린
머그잔은 구멍이 한 개 있다는 점에서 도넛과 같은 부류다.
도넛을 서서히 변화시켜 머그잔 모양을 만들 수 있다. 이처
럼 구멍의 개수에 따라 입체 구조를 분류할 수 있다. 구멍
의 개수는 당연히 0, 1, 2 등의 정수이고, 0.3이라든지 1.5라
든지 하는 소수점 붙는 숫자는 될 수 없다는 것이 명백하
다.

본래 물리학은 위상수학과 큰 관계가 없었으나 1950년
무렵부터 물리학 곳곳에서 서서히 등장하기 시작한다. 이때

만 해도 물리학자는 위상수학에 대해 잘 몰라도 이론을 전개할 수 있었다. 비유하자면 도넛 구멍이 한 개라는 것은 굳이 위상수학을 거론하지 않아도 누구나 알 수 있는 것과 마찬가지다. 그러나 1970년대에 접어들어 물리 이론이 급격히 발전함에 따라 위상수학이 본격적으로 물리학에 응용되기 시작했다. 2016년 노벨 물리학상은 바로 이 시기인 1970~80년대의 업적에 수여되었다.

이제 각 용어에 대한 설명을 마쳤으니 수상 이유를 다시 살펴보자. "위상적 상전이와 물질의 위상적 상에 대한 이론적 발견." 각 용어에 대해 대강 알게 되었지만 여전히 이해할 수 없는 문구일 것이다. 사실 여기에서 핵심은 개별 용어가 아니라 '위상적 상전이'와 '위상적 상'이라는 합성어다. 그리고 이것을 정확히 알기 위해서는 적어도 물리학과 대학원 수준의 지식이 필요하다. 하지만 지금까지의 설명을 바탕으로 어렴풋하게나마 이해해보기로 하자.

'위상적 상전이'는 물론 상전이의 일종이다. 앞에서 상전이는 물질의 성질이 완전히 변하는 현상이라고 했다. 비록 매우 신기한 현상이긴 하지만 물이 얼음이 되는 정도의 상전이는 1800년대부터 물리적으로 잘 이해하고 있다. 그런데 상전이 방식에 기존에 알려져 있던 것 이외에 다른 방식이 있고 그것이 위상수학적 변화를 통해 일어난다는 것이 '위상적 상전이'의 의미다. 이 상전이는 얇은 막으로 이루어진 2차원 물질에서 일어나는데, 막에 소용돌이가 형성되어 쌍을 이루거나 해체되는 등의 변화가 일어난다.

'위상적 상'도 비슷한 맥락의 용어다. 예를 들어 고체는 딱딱하고 모양이 변형되지 않는다. 액체는 부피가 일정하지만 형태가 자유롭게 변한다. 이처럼 상마다 구분되는 고유의 특성이 있다. 그런데 어떤 물질은 고체, 액체, 기체처럼 잘 알려진 방식으로 상이 구분되지 않고 아주 미묘하게 위상수학적 성질로 구분된다. 이것을 '위상적 상'이라 한다. 앞에서 구멍의 개수와 같은 위상수학적 특성은 연속된 숫자가 될 수 없고 0, 1, 2, 3 등의 정수만 가능하다고 했다. 위상적 상을 가진 물질은 어떤 특별한 물리량을 측정했을 때 바로 이런 정숫값만 측정된다.

구체적으로는 소위 '양자 홀 효과'라는 것을 보이는 물질이 위상적 상을 가진 대표적 물질이다. 온도나 자기장 등의 외부 조건을 서서히 변화시켜가면서 이 물질의 전기적 특성을 재면 여간해서는 흐르는 전류값이 변하지 않는다. 마치 공 모양의 밀가루 반죽을 이리저리 늘이거나 줄여도 구멍이 0개라는 사실이 변하지 않는 것과 같다. 그러다가 반죽의 한쪽 끝을 다른 쪽에 붙이는 수준으로 큰 변화를 가할 때 구멍의 개수가 바뀌는 것처럼, 이 물질도 자기장을 증가시키면 어느 순간 갑자기 전류값이 정확히 두 배로 뛰는 일이 벌어진다. 2016년의 노벨 물리학상 수상자들은 고도의 물리학 이론을 개발하여 이런 현상이 일어나는 이유를 구체적으로 설명할 수 있었다.

드디어 어지러운 설명이 끝났다. 물리학과 무관한 일반 독자가 인내심을 가지고 이 설명을 따라가기는 쉽지 않았을 것이다. 그럼에도 불구하고 애써 해설한 이유는 한두 마디의 짧은 수상 업적 뒤에 얼마나 거대한 인류의 지적 성취가 함축되어있는지를 어렴풋하게나마 보여주고 싶었기 때문이다.

연구 목적과 노벨상 수상 전략

이 연구를 통해 어떤 특수 물질들의 신비한 성질을 알아낸 것 같기는 한데, 그 결과로 우리에게 어떤 혜택이 돌아오는 것일까? 사실을 말하자면, 지난 30여 년간 이 연구의 결과로 인류의 삶이 가시적으로 달라진 것은 아무것도 없다. 현재에 와서야 겨우 양자컴퓨터 등에의 응용 가능성이 떠오르는 중이다. 그럼에도 불구하고 이런 연구에 노벨상을 수여하고 높이 평가하는 이유는 무엇인가?

이 질문에 대해서는 두 가지 관점에서 답할 수 있다. 첫 번째 관점은 미래에 이 연구가 어떻게 응용되어 우리의 삶을 바꿔놓을지 아무도 모른다는 것이다. 1800년대에 패러데이가 실용적 목적으로 전기를 연구하지 않았고, 1900년대에 양자역학이 탄생할 때 아무도 현대의 전자문명을 떠올리지 못했지만, 이런 연구가 없었다면 우리는 아직도 호롱불을 켜고 살고 있을 것이다. 이처럼 올해의 노벨 물리학상 업적도 미래에 어떻게 응용될지 아무도 모른다. 고개가 끄덕여지는 답변이긴 하지만 마음이 그리 개운하진 않다. 연구의 의의를 불확실한 미래의 응용 가능성에서 찾아야 하니 말이다.

두 번째 관점은 과학의 본질을 보는 것이다. 과학은 본래 그 결과물을 다른 곳에 응용할 목적으로 탄생한 학문이 아니다. 인간은 지구에 등장한 이래 언제나 자연 현상의 이면에 숨은 작동 원리를 알고 싶어 했다. 인간이 가지고 있는 이 근원적 호기심을 해소하는 학문이 과학이다. 어린아이가 별이 왜 반짝이는지 알고 싶어 하는 것은 어떤 응용을 목적에 둔 궁금함이 아니다. 과학자들이 자연의 이치를 연구하는 것도 특별히 다른 목적이 있어서가 아니라 이치를 알아내는 것 그 자체가 목적이다. 한 꺼풀, 두 꺼풀 비밀을 벗길 때마다 그 자체로 인류의 지적 수준도 조금씩 올라간다.

가장 위대한 과학자로 불리는 뉴턴은 자신이 거인의 어깨 위에 있었기 때문에 더 멀리 볼 수 있었다고 했다. 뉴턴이 죽은 뒤 300년이 지났다. 뉴턴이 언급한 거인은 이제 300년 전보다 훨씬 크게 자랐다. 21세기를 사는 인간 대부분은 물론 지적 능력이 뉴턴에 미치지 못할 것이다. 하지만 훨씬 더 큰 거인의 어깨 위에 앉아 있기 때문에 누구나 전기로 불을 밝힐 줄 안다.

마지막으로 하나만 덧붙이자. 우리나라에서 노벨상 수상자가 나오게 하려면 어떻게 하면 될까? 스포츠 경기처럼 유능한 과학자를 선발하여 집중적으로 지원하면 될까? 절대로 그렇지 않다. 이러한 정책은 과학의 본질에 근본적으로 어긋난다. 가장 좋은 방법은 방해하지 않는 것이다. 자연의 비밀을 알아내고 싶어 못 견디는 젊은 과학도들이 주변 여건에 휩쓸려 자신이 원하는 주제가 아닌 다른 주제를 연구하도록 몰아가지만 않으면 된다. 그냥 하고 싶은 것을 하도록 조용히 토양만 마련해주고 그다음은 그들의 마음에 꿈틀거리는 호기심에 맡기면 된다.

양자역학에 대하여

아무도 끝을 모르는 과학

인류가 만든 가장 충격적인 이론

　지구의 시간은 일정한 속도로 유유히 흘러가지만 그 위에서 살아가는 사람의 시간은 그런 것 같지만은 않다. 예를 들어 2016년 여름부터 2017년 봄까지 대한민국의 시간은 유난히 느렸던 것 같다. 20세기 초 대한제국 국민의 시간은 더 느렸을 것이다. 거의 멈춰버린 시간 속에서 아무것도 하지 못하고 있다가 나라를 잃었다.

　같은 시기 유럽은 달랐다. 특히 물리학자들에게 1900년부터 30년간은 하루가 멀다 하고 새로운 업적이 쏟아져 나왔다. 이 시기를 현대물리학 혁명기라고 한다. 이때 상대성이론과 양자역학이 탄생했다. 백 년의 세월이 지났지만 아직도 이 두 이론은 모든 과학의 바탕을 이루고 있다. 또한 인류가 이룩한 현대 문명의 거의 모든 것이 두 이론에서 나왔다고 해도 크게 틀린 말이 아니다.

상대성이론은 시간과 공간에 대한 혁명적 이론이다. 상대성이론을 공부하고 있으면 정말 우아하고 심오한 이론이라는 감탄이 절로 나온다. 양자역학은 물질의 존재 양식과 인식의 틀을 완전히 바꿔놓은 이론이다. 양자역학은 심오하다기보다는 충격적이라는 표현이 더 적절하다. 양자역학의 대부로 불리는 보어Niels Henrik David Bohr, 1885~1962는 이렇게 말한 바 있다. "양자역학을 배우고 충격을 받지 않은 사람은 제대로 이해한 것이 아니다."

나는 아직도 학부 2학년 겨울방학을 잊지 못한다. 3학년 때 배울 양자역학을 호기심에 미리 공부하고 있었는데 아무리 봐도 도저히 이해할 수가 없었다. 부분적인 논리는 그럭저럭 따라갈 수 있었다. 그러나 전체적으로 다시 살펴보면 책의 설명은 도저히 받아들일 수 없는 모순덩어리였다. 몇 날 며칠을 끙끙대다가 자포자기 상태가 되었을 즈음 어느 순간 깨달음이 왔다. '이것은 이해하려 하면 안 되는 것이다!' 나는 이때 인생에서 가장 큰 지적 충격을 받았다. 그리고 다음과 같은 독백이 저절로 흘러나왔다. "양자역학을 배우지 못하고 죽는 인간은 참으로 불쌍하다."

대중적으로도 잘 알려진 물리학자 파인만Richard Phillips Feynman, 1918~1988도 "이 세상 아무도 양자역학을 이해하지 못한다고 자신 있게 말할 수 있다"고 했다. 이 글은 아무도 이해할 수 없는 양자역학에 대한 짧은 이야기다.

물리학 영웅들의 시대

원자는 매우 작다. 머리카락 굵기의 100만 분의 1에 불과하다. 양자역학은 20세기 초에 이러한 극미의 세계를 탐구하다 만들었다. 당시 물리학자들은 세상 만물이 원자라는 기본 물질로 구성되어있다는 사실을 과학적으로 막 입증한 상태였다. 신대륙을 발견한 콜럼버스처럼 원자라는 미지의 세계에 막 발을 들여놓고 있었다.

19세기 말까지 물리학자들은 자신감에 차 있었다. 17세기에 이미 일상 현상은 물론이고 태양계의 운행 원리까지 뉴턴에 의해 기본 법칙이 밝혀져 있었다. 19세기에는 맥스웰이 전기와 자기에 대한 근본 이론을 완성했다. 이로부터 빛이 전자기파, 즉 전기와 자기의 출렁임으로 만들어지는 파동이라는 것을 보였다. 볼츠만Ludwig Boltzmann, 1844~1906은 원자

1927년 솔베이 회의. 과학 학회 중 가장 유명한 학회로 참석자 29명 중 17명이 노벨상을 받았다. 여기서 아인슈타인과 보어는 양자역학에 대해 격렬한 논쟁을 벌인다. 보어는 아인슈타인의 반론을 성공적으로 막아내면서 양자역학에 대한 학계의 지지를 이끌어낸다.

와 같은 입자들이 매우 많이 모여 거시적인 물질이 될 때 어떤 일이 일어나는지를 알려주는 통계물리학의 기본 원리를 완성했다. 이제 물리학은 우주의 근본 원리를 알게 되었으므로 이를 바탕으로 다양한 현상을 설명하기만 하면 될 것으로 생각했다. 어느 똑똑한 학생이 물리를 전공하려고 했을 때 물리학에 더 이상 새로운 것은 없다며 막으려는 물리학자도 있을 정도였다.

그러나 20세기가 시작되자마자 분위기가 바뀌었다. 원자에서 새롭게 속속 밝혀지는 실험 결과를 19세기까지의 고전 물리학은 거의 하나도 제대로 설명할 수 없었다. 우주와 함께 영원히 지속할 진리로 보였던 물리학 근본 법칙들이 무너져 내리고 있었다.

혼란의 소용돌이 속에서 물리학자들은 과거와 타협하지 않고 혁명의 깃발을 들었다. 20대 젊은 물리학자들을 중심으로 새로운 아이디어가 끊임없이 공급되었고 격렬한 논쟁이 거듭되었다. 거의 30년에 가까운 집단지성의 집중 연구 끝에 하나의 이론이 탄생하였다. 바로 양자역학이다. 이 기간은 인류 역사에서 전무후무한 빛나는 지적 진보를 이루었던 시기다. 이 시기 물리학 영웅들의 '무용담'은 이제 전설이 되어 많은 교양 과학서적의 단골 소재다.

과연 양자역학은 어떤 이론일까? 여기서는 역사적 발전 과정을 따라 소개하는 일반적 방법을 따르는 대신에 양자역학의 핵심 내용 한 가지를 소개하고 그 의미를 이해해보고자 한다.

극미의 세계에서 발견한 언어도단

추리소설을 보면 초반에 사건이 일어나고 범인은 베일에 가려 있다. 사건이 진행되면서 서로 모순인 것처럼 보이는 정황증거들이 난무하고 사건은 미궁에 빠져든다. 주인공 탐정은 선입견에 얽매이지 않고 모든 가능성을 샅샅이 훑으며 불가능한 가설을 하나씩 지우고 논리적 필연만을 따라 진상을 추적한다. 여러 가능성 중에서 어떤 것이 옳은지 알 수 없을 때는 그 부분만을 남기고 시간의 역순으로 역추적을 하기도 하면서 암중모색을 계속한다. 드디어 소설의 막바지에 이르면 결정적 단서가 드러나면서 마지막으로 남은 몇 가지 가능성 중에서 진상을 확정한다. 그 진상이 충격적일수록 독자의 뇌리에 오랫동안 남아있다.

이런 추리소설에 빗대어 설명하자면 물리학자들이 다양

한 실험 증거를 바탕으로 논리적 필연을 따라 확정한 미시세계의 진실은 다음과 같다. 많은 사실이 있고 다양한 표현 방식이 있지만 그 중 핵심을 담고 있는 문장 하나만 소개하고자 한다.

> 어떤 쪼개지지 않는 작은 입자 한 개는 공간의 어느 한 지점에서 다른 한 지점으로 갈 때 도중에 공간의 서로 다른 두 곳을 동시에 지나간다.

이 문장의 의미에 대한 오해를 줄이기 위해 약간의 부연 설명을 덧붙인다.

입자는 무엇이든 상관없다. 크기도 반드시 작을 필요는 없고 상상을 쉽게 하도록 덧붙인 조건일 뿐이다. (사실 이 문장은 사람이나 바위 등 우주에 존재하는 모든 것에 적용된다.) 전형적인 예로 원자를 구성하는 입자인 전자를 떠올리면 된다. 서로 다른 '두 곳'도 두 곳만을 의미하는 것은 아니다. 사실은 우주 공간에 존재하는 '모든 곳'을 동시에 지나가는데 모든 곳이라고 하면 너무 많아서 오히려 이해에 방해가 되기 때문에 두 곳이라고 표현했을 뿐이다. 즉, 앞의 문장을 더 일반적으로 표현하면 다음과 같다.

> 우주에 존재하는 모든 물질은 공간의 어느 한 지점에서 다른 한 지점으로 갈 때 도중에 공간의 모든 곳을 동시에 지나간다.

어떤 쪽이 더 마음에 와 닿는지는 사람에 따라 다를 수 있으므로 각자 하나를 선택하여 의미를 파악하면 된다. 다만 처음부터 일반적인 상황을 생각하면 본질을 놓칠 우려가 있으므로 여기서는 첫 문장을 두고 논의하고자 한다.

언뜻 읽어서는 무미건조하고 지루해 보이는 이 문장이 사실은 앞뒤가 전혀 맞지 않는 모순덩어리다. 왜 그런가? 문장의 각 부분을 음미해보자. 어떤 입자(이후부터는 편의상 전자라고 하자)는 쪼갤 수 없고 특정 순간에 공간의 특정한 점 한 곳을 점유하고 있다. 이것은 실험적으로도 입증되었다. 어떤 전자 한 개의 위치를 관측하면 그 전자는 오직 한 곳에서만 모습을 드러낼 뿐이다. 그런데 이 전자 한 개가 어떤 지점(예를 들면 집)에서 다른 지점(예를 들면 학교)까지 가는 동안 두 곳(예를 들면 광화문과 강남)을 동시에 지나간다는 것이다. 쪼개지지도 않은 것이 두 곳을 동시에!

바로 앞에서는 전자 한 개가 오직 한 곳에서만 관측된다고 했는데 그다음에는 곧바로 두 곳을 동시에 지난다니 모순처럼 보인다. 사실 여기에는 중요한 단서조항이 하나 생략되어있다. 두 곳을 동시에 지나는 것처럼 보이는 것은 관측하지 않을 때 만이다. 즉, 관측을 하면 한 곳에서만 발견되지만 관측하지 않으면 두 곳을 동시에 지나간다. 관측을 하지도 않았는데 두 곳을 지나가는 것을 어떻게 아느냐는 질문이 당연히 나올 것이다. 그래서 '관측을 하지 않으면 두 곳을 동시에 지난다'는 말의 의미를 좀 더 명확히 할 필요가 있는데, 그 의미는 '관측을 하지 않았을 때는 한 곳만을 지난다고 생각하면 설명이 불가능한 실험 결과가 나온다'는 것이다.

이것은 마치 추리소설의 탐정이 마침내 결정적 단서를 찾았을 때 그 단서를 논리적으로 설명하기 위해서는 범인이 누구이고 어떤 방식으로 범행을 저질렀을 수밖에 없다는 결론에 도달하는 것과 같다. 물리학자들도 탐정처럼 수많은 실험 결과와 논리적 추론을 하나의 필연적 사슬로 엮어서 외길을 따라 마지막 진실의 문 앞에 도달했다. 그리고 그 문을 열고 깨달은 사실이 바로 '관측을 하지 않을 때는 한 곳만을 지난다는 생각을 버려야만 한다'는 것이었다. 쪼개지지도 않는 작은 입자가 말이다. 이것은 일상적 경험을 바탕으로 만들어진 인간의 언어로는 도저히 기술할 수 없는 언어도단, 어불성설의 상태다.

두 곳을 동시에 지난다는 것을 확률을 도입하여 다음과 같이 좀 더 잘 알려진 방식으로 표현하는 것도 가능하다. '전자가 집에서 학교까지 갈 때 광화문을 지나는 확률도 있고 강남을 지나는 확률도 있다. 두 곳 중에서 어느 곳을 지나는지는 근원적으로 정해져 있지 않다. 전자의 위치를 관측하면 어느 곳에선가 모습을 나타내겠지만, 그것은 관측했을 때 오직 그때만 위치가 정해지는 것이다. 관측하기 전에는, 어디인지는 모르지만 전자의 위치가 정해져 있을 것이라고 생각하는 것 자체가 틀린 사고방식이다. 오직 확률만이 주어져 있을 뿐이다.' 양자역학에 대한 글에서 흔히 확률에 대해 거론하는데 그것은 이 표현 방식을 따른 것이다.

논쟁, 거부 그리고 양자역학의 재확인

당연하게도 이 결론을 내리기까지의 과정은 절대 순탄하지 않았다. 당대의 많은 물리학자는 치열한 논쟁을 거듭했다. 크게 두 파로 나뉘었다. 이것이 최종적으로 옳은 결론이라는 파와 절대로 그럴 리 없다는 파. 전자에 속하는 물리학자는 코펜하겐 학파라 부른다. 보어, 하이젠베르크Werner Karl Heisenberg, 1901~1976, 보른Max Born, 1882~1970, 파울리Wolfgang Ernst Pauli, 1900~1958 등이 이에 속한다. 후자에 속하는 물리학자는 아인슈타인, 슈뢰딩거Erwin Schrödinger, 1887~1961, 드브로이Louis de Broglie, 1892~1987, 플랑크 등이 있다. 이들은 모두 양자역학 발전 과정에 기여한 공로로 노벨상을 받았다. 그중에서 절반이 완성된 양자역학의 결론을 거부한 것이다.

아인슈타인을 포함하여 양자역학을 거부한 사람들이 물론 양자역학의 모든 것을 거부했던 것은 아니다. 사실 양자역학은 실험 사실을 매우 정확하게 설명한다. 지금까지도 양자역학의 예측과 어긋나는 현상은 발견되지 않았다. 자연현상을 이렇게 잘 설명하는 과학이론을 위대한 물리학자들이 그냥 거부했을 리는 없다. 그들의 거부는 양자역학이 틀렸다고 생각해서가 아니라 불완전하다고 생각해서였다. 그들은 양자역학의 효용에 대해서는 모두 인정했지만 그것이 끝이 아니라고 생각했다. 훗날 과학이 더 발전하여 양자역학보다 더 근본적인 이론을 알아낸다면 그 이론에서는 양자역학으로 알 수 없었던 속성들도 모두 알 수 있을 것으로 생각했다. 두 곳을 동시에 지난다거나 확률만이 주어져 있을 뿐 위치라는 것은 애초에 정해진 것이 없다는 식의 터무니없는 결론에서 벗어날 것으로 믿었다.

양자역학을 거부한 학자들의 반론 중에서 '슈뢰딩거의 고양이'는 특히 일반인에게도 널리 알려진 유명한 사례다. 슈뢰딩거는 양자역학의 기본 방정식인 슈뢰딩거 방정식을 제안하여 양자역학의 수학적 이론을 완성한 물리학자다. 그러나 그는 코펜하겐 학파의 해석을 끝까지 거부하였다. 그러면서 양자역학에서는 살아있지도 않고 죽어있지도 않으며 두 상태가 혼재되어있는 고양이의 상태가 가능하다는 것을 지적하였다. 상식적으로 불가능한 상태를 허용하는 양자역학이 옳을 리 없다고 주장한 것이다.

아인슈타인은 EPR Einstein-Podolski-Rosen 역설이라는 사고실험을 고안하였다. 양자역학이 맞는다면 우주에서 어느 특정한 곳의 상태 변화가 매우 먼 우주 다른 곳의 상태를 순식간에 변화시킬 가능성이 존재한다고 주장하였다. 이는 정보가 빛보다 빨리 전달될 수 없다는 상대성이론을 위배하는 것이므로 양자역학은 결코 옳은 이론일 수 없다는 것이다.

이들의 주장은 1930년대에 발표되었으나 검증이 쉽지 않았다. 그러다가 실험 기술이 발전하면서 1980년대에 접어들

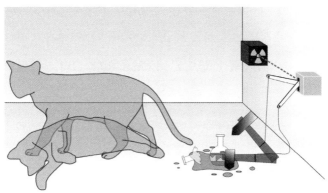

슈뢰딩거의 고양이. 삶과 죽음이 혼재되어있다.
출처:Dhatfield, CC BY-SA 3.0

어 마침내 실제 실험을 통하여 어느 쪽이 옳은지 가릴 수 있게 되었다. 그 결과는 모두 양자역학의 승리였다. 그런데 이 검증의 의미는 단순히 양자역학이 옳다는 것을 재확인 하는 수준이 아니었다. 인간은 이제 우리 우주의 충격적인 실험실에서 명확히 드러내고 이를 이용하여 실제 우리의 삶을 바꿔나갈 수 있게 되었다. 고양이의 삶과 죽음이 혼재된 상태를 만드는 것은 아직 요원하지만 세균 수준에서는 이미 두 상태의 중첩을 실험으로 시도하고 있다. 그리고 아인슈타인의 EPR 역설은 상대성이론과 모순되지 않으며, 오히려 이 역설에 '얽힘entanglement'이라는 양자역학의 핵심 개념이 들어있음을 알게 되었다. 이를 이용하면 도청 위험이 없는 양자통신도 가능하다. 2016년 7월에는 중국에서 지구와 인공위성 사이의 양자통신을 실제로 구현하였다고 발표한 바 있다.

열린 결말

80년이 넘는 기간 동안 많은 반대 논리가 있었지만 양자역학의 지위는 더욱 공고해졌다. 사실 우리가 누리고 있는 현대 문명은 양자역학이 없었으면 불가능하다. 예를 들어 컴퓨터, 휴대전화, TV, 냉장고 등 모든 전자제품에 들어가는 반도체는 양자역학을 기본 원리로 하고 있다. 인간의 언어로는 제대로 기술하는 것조차 어렵고 현실 세계와는 완전히 동떨어진 뜬구름 잡는 얘기가 우리의 일상에 속속들이 침투해 있다니 전혀 실감이 나지 않을 것이다. 하지만 이 것은 한 치의 과장도 없이 사실이다. 초야에 파묻혀 문명과 단절된 삶을 살고 있지 않은 한, 우리의 일상에서 양자역학과 무관한 순간은 거의 없다. 요새 떠들썩한 4차 산업혁명도 양자역학이 없었다면 꿈도 꾸지 못했을 것이다.

양자역학이 이처럼 대성공을 거두고 있지만 아직도 많은 물리학자는 마음 깊은 곳에 '이것이 끝이 아닐지도 모른다'는 생각을 하고 있다. 그리고 더 나은 이해 방법은 없는지, 아직 숨어있는 진실은 없는지 계속 연구한다. 이제는 물리학과 학생 누구라도 자유자재로 양자역학의 수학적 계산을 해낼 수 있을 정도로 잘 정립되었지만, 그것이 양자역학에 대한 진정한 이해는 아니라고 믿기 때문이다. 물리학자의 시간이 백 년 전처럼 다시 빨리 흐르기 시작하는 날, 이번에는 대한민국의 시간도 빨라지기를 빈다.

이것은
왜 과학이 아닌가?

우리가 과학이라고 오해하는 것들

뉴허라이즌스호가 보내온 명왕성 사진

대략 20만 년 전 현생인류가 지구상에 출현한 이래, 인류는 단순한 생존을 넘어서서 부단히 지적 지평을 넓혀 왔다. 2015년 7월 14일은 이러한 지적 진보의 역사에 인류가 다시 한 번 발자취를 남긴 날로 기록될 만하다. 이날 미국 나사 NASA의 무인 탐사 우주선 '뉴허라이즌스New Horizons호'가 명왕성을 통과했다.

뉴허라이즌스호는 2006년 1월 19일 지구에서 발사되었다. 지구를 떠날 때의 속도가 초속 $16.26km$였는데 인간이 만들어낸 물체 중에서 가장 빠른 발사 속도다. 고속도로에서 자동차로 10분 걸려 갈 거리를 단 1초만에 가는 엄청난 속도다. 현재 명왕성은 지구에서 대략 50억km 정도 떨어져 있다.

지구에서 태양까지의 거리인 1억5000만km와 비교하면 30배도 더 되는 거리다. 뉴허라이즌스호는 이 머나먼 거리를 꼬박 9년 6개월간 하루도 빠짐없이 홀로 여행했다. 그리고 본래 계획대로 명왕성을 1만2500km 떨어져 지나가며 그간 미지의 영역으로 남아있었던 명왕성의 생생한 사진을 지구에 전송했다.

보통 사람들이야 그냥 명왕성 사진을 즐기면 되지만 조금 생각해보면 머나먼 우주선에서 사진을 전송받는 것이 결코 쉬운 일이 아님을 깨달을 수 있다. 지구에서는 무선 인터넷이나 LTE로 순식간에 사진을 원하는 사람에게 전송할 수 있지만, 이것은 이미 통신사가 곳곳에 통신 장비를 설치해두어서 가능한 일이다.

우주에는 그런 것이 없다. 우선 거리가 너무 멀다. 명왕성에서 보낸 신호가 50억km 떨어진 지구에 도달하려면 빛의 속도로도 무려 4시간 반이 걸린다. 만약 전화 통화를 한다면 "안녕하세요." 하고 인사를 했을 때 9시간 후에야 상대방의 응답을 들을 수 있을 것이다. 쌍방향 실시간 대화 같은 것은 불가능하다는 얘기다. 또한 명왕성에서 볼 때 지구는 점과 같은 존재다. 작은 우주선 하나가 지구가 있는 방향으로 정확히 신호를 보내는 일, 50억km를 움직여 약해질 대

뉴허라이즌스호가 보내온 명왕성 사진.

로 약해진 신호를 지구에서 포착하고 해석하는 일 등등 그 어느 것 하나 경이롭지 않은 것이 없다.

가장 경이로운 것은 발사 시점인 9년 6개월 전에 뉴허라이즌스호가 앞으로 어떤 상태로 어디를 지나갈지 정확히 예측했다는 사실이다. 그때 명왕성이 9년 6개월 후에 우주의 어느 곳에 있을지도 물론 정확히 알고 있었다. 지구가 태양을 아홉 바퀴 반이나 도는 동안, 뉴허라이즌스호는 미래에 명왕성이 있을 그곳을 향하여 50억km를 움직였던 것이다. 이것이 얼마나 대단한 일인지는 운전과 비교하면 알 수 있다. 차를 운전할 때에는 끊임없이 핸들을 돌려 방향을 보정하거나 속도를 조절해야 한다. 물론 우주선에도 미세한 궤도 조정을 위해 약간의 연료는 들어있다. 그러나 대부분은 사실상 사람이 아무 조절도 하지 않고 그냥 놓아둔다.

명왕성 탐사는 1989년부터 추진되었으나 여러 우여곡절 끝에 2001년에 최종 승인되었다고 한다. 2016년까지 15년간 이 사업에 들어가는 돈은 7억 달러, 우리 돈으로 약 8000억 원 정도다. 백해무익한 사업에 수십조 원씩 쏟아붓는 우리나라 기준으로는 그렇게 큰 액수가 아닐지 모르지만 그래도 적지 않은 액수다. 성공에 대한 확신 없이는 15년씩이나 이 사업을 지속할 수 없었을 것이다. 미국 정부와 과학자들은 어떻게 9년 6개월 후 미래에 무슨 일이 벌어질지 알았을까?

뉴턴과 과학적 세계관

그것은 물론 뉴턴 때문이다. 300여 년 전 뉴턴이 만유인력의 법칙과 운동 법칙을 알아낸 이후 인류는 10년 후 우주선의 위치와 명왕성의 위치 정도는 아주 손쉽게 계산할 수 있게 되었다. 그러나 과학은 검증을 필요로 하는 학문이다. 뉴턴의 이론으로 이런 정교한 계산을 할 수 있다는 사실이 처음부터 당연하게 받아들여지진 않았다. 사람들이 뉴턴 이론의 위력을 처음 실감한 것은 18세기 중반이었다. 뉴턴의 친구이자 천문학자였던 핼리Edmund Halley, 1656~1742는 뉴턴의 이론을 바탕으로 1682년에 하늘에 보였던 어떤 혜성의 궤도를 계산하였다. 그리고 이 혜성이 76년 뒤인 1758년에도 다시 찾아올 것이라고 예측한다. 1705년의 일이다. 마침내 53년이 지나 예측을 검증하는 1758년이 되었을 때는 뉴턴도 핼리도 모두 죽은 뒤였다. 그해 크리스마스에 독일의 어떤 농부가 하늘에서 혜성을 발견했다. 그 혜성은 그때부터 핼리혜성이라는 이름을 갖게 된다. 이 사례로 사람들은

1986년 관측된 핼리혜성.

뉴턴의 이론이 적어도 100년 정도의 예측력을 가지는 정교한 이론임을 깨달을 수 있었다.

300년이 훨씬 더 지난 오늘날에도 뉴턴의 이론은 여전히 유효하다. 물론 그 사이에 뉴턴의 이론은 상대성이론과 양자역학이라는 더 근본적인 이론으로 대체되었다. 개념적으로 시간과 공간, 물질에 대해 상전벽해 수준의 일대 혁명이 일어났다. 그렇지만 뉴턴의 이론이 쓸모없는 구시대의 유물이 된 것은 아니다. 아직도 여전히 많은 물리 현상은 뉴턴의 이론으로 충분히 설명할 수 있다. 뿐만 아니라 그러한 설명이 언제 수정되어야 하는지, 그리고 그 수정 효과가 얼마인지도 물리학자들은 다 알고 있다. 50억km 떨어진 명왕성이 9년 6개월 후 어디에 있으며 그곳에 가려면 어떤 경로를 따라가야 효과적인지는 뉴턴의 이론으로 충분히 알 수 있다.

뉴턴의 이론은 지난 300여 년 동안에만 한시적으로 적용되는 이론이 아니다. 과거에도 적용되었고 지금도 매 순간 적용되고 있으며 미래에도 적용될 것이다. 지금 책이 바닥에 떨어지지 않도록 손으로 붙잡고 있거나 눈을 깜박이는 하찮은 것부터 거대 은하의 충돌에 이르기까지 뉴턴의 이론은 어디에나 있다. 뉴턴의 이론은 시간과 장소를 가리지 않고 모든 곳에 적용되는 보편 이론이다.

뉴턴 이론의 완성으로 인간은 우주를 보는 관점을 근본적으로 바꿨다. 고대나 중세의 신화적인 세계관에서 과학적인 세계관으로 돌아올 수 없는 다리를 건넌 것이다. 우리가 살고 있는 세상은 신의 섭리로 유지되며 신의 의지에 따라 시도 때도 없이 기적이 일어나는 세계가 아니라, 인간의 이성으로 논리적 비약 없이 모든 과정을 이해할 수 있는 과학 법칙에 따라 움직이는 세계였다. 18세기 물리학자인 라플라스Pierre Simon Laplace, 1749~1827는 당시 프랑스 황제였던 나폴레옹에게 "우주에 대해 논할 때 신이라는 가설은 필요하지 않다."라고 할 정도였다.

과학의 시대와 인류의 질적 도약

그러나 이것은 과학자나 철학자 등의 지식인 사회에서 그런 것일 뿐 보통 사람들에게는 큰 변화가 없었을 것이다. 19세기에도 사람들은 여전히 호롱불을 켜고 살았고 대부분은 고등교육을 받지 못했다. 신은 여전히 인간의 일거수일투족에 개입하여 일상을 지배했다.

이런 측면에서 본다면 지난 20세기는 인간의 역사에서 가장 큰 변화가 있었던 시대였다고 할 수 있을 것이다. 과학의 성과가 본격적으로 개개인의 일상에 파고들었기 때문이다. 예를 들어 19세기 후반에 맥스웰은 전자기 현상에 대한 근본 이론을 완성했다. 그 결과 물리학자들은 자유자재로 전기와 빛을 제어할 수 있게 되었다. 이는 전 세계 모든 사람들의 삶을 바꾸어 놓았다. 20세기 초반에는 원자 세계의 근본 이론인 양자역학이 완성되었다. 이를 통해 체계적으로 물질의 특성을 연구하고 더 나아가 자연에는 존재하지 않는 완전히 새로운 물질도 창조할 수 있게 되었다. 이는 인류가 질적으로 새로운 도약을 했음을 의미한다. 수십 억 년의 지구 역사에 없던 물질이 인류로 인해 20세기에 존재하기 시작한 것이다. 온갖 화학제품에서 첨단 전자 기기에 이르기까지, 그리고 요람에서 무덤까지 오늘날 모든 인류가 누리고 있는 물질문명은 바로 이런 과학의 성과물이다.

　사람들은 보통 지난 20세기를 과학의 세기였다고 한다. 미국 《타임스》에서 20세기를 대표하는 단 한 명의 인물로 아인슈타인을 꼽은 것도 같은 맥락이다. 뉴허라이즌스호의 명왕성 탐사는 인류의 지적 성취가 어디까지 이르렀는지를 보여주는 상징적인 사건이다.

과학에 대한 오해와 갈등

과학이 일상에 매 순간 직접적으로 개입하면서 사람들이 과학의 위력에 대해 실감하게 되었으나 과학에 대한 이해가 그에 비례하여 높아지지는 않았다. 오히려 역설적으로 이런 과학의 영향력 때문에 일반인과 과학 사이의 괴리가 더 커졌다고도 할 수 있다. 직업이나 나이와 무관하게 적지 않은 사람들은 여전히 명당을 찾아 묘를 옮기고 점술사에게 자신의 미래를 묻는다. 이들에게 신의 능력이나 마법은 계속 유효하다. 그럼 과학은 무엇일까? 이들에게 과학은 그저 편리한 기기들을 만들어내는 현대판 '도깨비 방망이'일 뿐이다. 칼 세이건Carl Edward Sagan, 1934~1996의 표현을 빌자면 이들에게 이 세상은 여전히 '악령이 출몰하는 세상'이다.

"인간이 현재 과학으로 설명할 수 있는 것보다 설명할 수 없는 것이 훨씬 더 많지 않아요?", "과학이 옳다고 확신하세요? 과학으로 어떤 것을 설명한다 해도 그것을 어떻게 믿을 수 있어요? 그 이론은 나중에 틀릴 수도 있다면서요."

다른 어떤 사람들에게는 과학이 싸워 물리쳐야 할 적이다. 자신의 종교적 신념과 어긋나게 사람들을 잘못된 길로 몰아가는 악마와 같은 존재로 전쟁을 선포하기도 한다. 결코 같이 양립할 수 없는 '창조'와 '과학'을 결합하여 그것이 참된 과학이라고 주장한다. 이의 반대편에 있는 다른 사람들에게는 과학이 새로운 종교이자 권위다. 누군가 과학이라는 이름으로 어떤 주장을 하면 사실 여부를 판단하지도 않고 진리라고 믿는다.

이러한 오해와 갈등은 문화적 측면에서 아직 과학이 충분히 익숙한 존재가 아니기 때문일 것이다. 종교나 사상, 예술 등은 고대부터 인류와 함께했고 그때나 지금이나 거의 같은 모습을 하고 있다. 이에 비해 과학은 매우 짧은 기간에 급격히 발전했으며 불과 수십 년 만에 겉으로 보이는 일상의 모든 것을 지배하게 된 것이다. 이로 인한 부작용이 나타나는 것은 당연한 현상이다. 시간이 지남에 따라 사람들은 과학의 결과물뿐 아니라 과학적 세계관과 과학 본래의 가치에 대해서도 더 깊이 이해하게 될 것이다.

과학의 본질과 종교

과학을 다른 것과 구별하는 본질은 무엇일까? 그것은 결과가 아니라 과학적 방법이다. 그것은 한마디로 인간의 이성으로 논리적 비약 없이 자연이나 사회에서 일어나는 현상을 체계적으로 설명하는 것이다. 그러기 위해서는 아는 것과 모르는 것을 구분하고 모르는 것을 모른다고 하는 것, 비판적이고 회의적으로 사고하는 것이 필수적이다. 원리적으로 입증도 반증도 불가능한 가설, 불필요하거나 변경 가능성을 허용하지 않는 가설은 과학의 관심사가 아니다. 과학은 이러한 제한조건 안에서 자연과 사회의 다양한 현상을 더 적은 수의 가설로 설명하려고 하는 일종의 게임이다.

과학은 인간이 그간 관심을 두어 왔던 모든 영역을 다루지 않는다. 예를 들면 신의 존재 여부에 대해 과학은 부정도 긍정도 하지 않으며 아예 관심이 없다. 이런 의미에서 아무리 과학을 열심히 해도 종교에서 말하는 소위 참된 '진리'와 아무 관계가 없을 수도 있으며, 관점에 따라서는 처음부터 틀린 길을 가고 있는 것일 수도 있다.

과학은 그 안에 진리가 있다고 주장하지 않는다. 현재의 정설은 있지만 그 정설은 미래의 새로운 현상이나 실험을 설명하지 못할 가능성이 존재하기 때문에 언제든 폐기될 수 있다. 이런 폐기 가능성이 있는 주장을 진리라고 부를 사람은 아무도 없을 것이다. 그러므로 그 안에 영원히 변하지 않는 참된 진리가 있다고 주장하는 종교와는 근본적으로 겹치는 부분이 없다. 문제는 과학의 위력을 실감한 사람들이 과학을 종교화 하는 데 있다.

예를 들어보자. 앞에서 설명한 것처럼 뉴허라이즌스호는 뉴턴의 이론을 바탕으로 10년에 가까운 우주여행 끝에 명왕성 탐사의 임무를 완수했다. 이러한 성공은 뉴턴의 이론에 대한 매우 강력한 증거다. 물론 뉴턴의 이론을 입증하는 수많은 증거에 하나가 추가된 것일 뿐이고 새삼스럽게 뉴턴 이론의 신빙성을 높인 것은 아니다. 하지만 만약 뉴허라이즌스호가 도저히 설명할 수 없이 다르게 작동했다면, 그것은 뉴턴 이론에 심각한 치명타를 가할 가능성도 있었다. 예를 들어 이 우주선이 목성 근처를 지나다가 어느 순간 갑자기 토성 근처에서 신호를 보내 왔다면 어떻게 되었을까? 태양에서 지구까지 거리의 다섯 배도 더 떨어진 저 머나먼 우주에서 이런 예기치 못한 일이 일어나지 않는다고 누가 보장할 수 있겠는가. 만약 이런 일이 실제로 일어났다면 그 순간 뉴턴의 이론, 더 나아가서 아인슈타인의 상대성이론은 뿌리부터 뒤흔들렸을 것이다. 많은 사람은 이때 신이 기적을 일으켰다고 믿을 것이다. 정말 신이 개입한 것일 수도 있다. 그러나 이런 최악의 순간에도 과학은 신을 끌어들이지 않고 다른 설명 방법을 찾을 것이다. 왜냐면 신이 때때로 개

입할 수도 있다고 인정하는 순간 과학 법칙은 더 이상 법칙
이 아니기 때문이다.

양립 불가능한 창조와 과학

우리가 살고 있는 세상이 실제로는 해리포터의 마법의 세
계이거나 신이 가끔 기적을 일으키는 세계일 수도 있다. 그
러나 과학에서는 이런 가능성을 열어두면 안 된다. 그렇게
하지 않기로 하고 세상을 설명하려 하는 것이 바로 과학이
기 때문이다. 혹시라도 먼 훗날 마법과 기적이 하루에도 열
번씩 일어나는 날이 오면 어떻게 될까? 그래도 과학에서는
마지막까지 인간의 이성으로 그 현상을 이해하려고 노력
할 것이다. 물론 그런 날이 오면 아마 사람들은 과학을 버리
고 종교나 초능력을 찾아갈 것이다. 또는 과학과 이름만 같
고 실제로는 다른 그 무엇이 새로운 과학으로 떠오를 것이
다. 그리고 오늘날의 과학적 세계관은 세상에 대한 틀린 관
점으로 종말을 맞을 것이다.

이런 식의 상상은 물리학이 아니라 생물학에도 마찬가지
로 해볼 수 있다. 생물체를 어떻게 설명할 것인가? 생물이라

고 해서 과학에서 예외가 될 수는 없다. 과학적 방법은 어떤 것에만 선택적으로 적용하는 것이 아니다. 과학에서 설명하기로 한 이상 인간의 이성으로 초자연적인 그 무엇을 도입하지 않고 생물체의 존재를 설명해야 한다. 오늘날 우리가 알고 있는 진화론이 바로 그러한 노력의 산물이다. 실제로는 생물체가 신에 의해 창조된 것이 진리일 수도 있다. 그러나 과학에서는 그런 가능성을 열어 두면 안 된다. 그것은 원리적으로 입증도 반증도 불가능하며 인간의 이성으로 설명할 수 없기 때문이다. 설령 신이 창조했다 해도 과학에서는 마지막 순간까지 신의 개입 없이 생물체의 존재를 설명해야 한다. 이것이 오늘날 인류가 과학이라고 이름 붙인 게임의 규칙이다. 이런 의미에서 '창조'와 '과학'은 서로 도저히 양립할 수 없으며 '창조 과학'은 그 자체로 어불성설이다. 다시 강조하지만 과학의 이러한 한계 긋기가 '진리'를 원천적으로 배제한 틀린 길일 수도 있다. 다만 그 두 낱말은 같이 연결될 수 없는 조합이라는 얘기다.

앞에서도 밝혔듯이 과학에 얽힌 많은 오해는 현실 세계에서 지금까지 과학이 대성공을 거두고 있다는 사실에 기인한다. 만약 이런 성공이 없었다면 과학은 연금술이나 점술처럼 역사 속에서 사라졌거나 몇몇 사람들의 취미 활동으로 남았을 것이다. '창조 과학'과 같은 우스꽝스러운 말의 조합도 생겨나지 않았을 것이다. 그런데 놀랍게도 과학은 순식간에 삶의 모든 곳에 개입했다. 과학은 새로운 것을 만들어냈고 물질적으로 풍요하게 해줬으며 때로는 수십만의 무고한 인명을 살상한 무기도 개발했다. 10년 후 까마득한 우주 저편에서 어떤 일이 일어날지 예측하여 우주선도 보냈다. 단순히 두루뭉술한 미사여구로 적당히 세상을 설명하는 것이 아니라, 숨이 턱턱 막힐 만큼 구체적 수치를 코앞에 들이대며 받아들이지 않을 자유와 무관하게 세상이 그렇게 돌아간다고 설명한다. 오로지 인간의 이성으로 논리만을 따라 항상 틀릴 수도 있다는 가능성을 열어 두고 세상을 설명하자는, 어찌 보면 제한 조건이 많은 이 게임이 왜 이토록 성공적인지는 아무도 모른다. 그래서 아인슈타인은 언젠가 "이 세상에서 가장 이해할 수 없는 일은 이 세상을 이해할 수 있다는 것이다."라고 말했을 것이다.

영화 〈인터스텔라〉와 융합교육

과학의 가치는 어디에 있는가?

갑자기 불어온 우주 열풍 '인터스텔라 현상'

하루가 멀다 하고 사건 사고가 터지는 우리나라에서 몇 달이나 반년 전은 이미 까마득한 옛날일지도 모른다. 2015년의 대한민국은 웬만한 영화의 상상력 정도는 가볍게 뛰어넘는 복선과 반전으로 가득했다. 삶 자체가 거대한 스펙터클 영화처럼 느껴질 때였으니까 어쩌다가 우주니 과학이니 하고 들먹이면 "밥은 먹고 다니냐"며 연민의 정을 발하는 주변 사람들의 걱정스러운 눈빛을 피하기가 쉽지 않다. 이런 대한민국에서 '인터스텔라 현상'이 일어났다.

크리스토퍼 놀란 감독의 공상과학영화 〈인터스텔라〉는 2014년 11월 우리나라 개봉 당시 우주 열풍을 불러왔다. 블랙홀이나 웜홀, 시간 지연, 5차원 시공간 등 난해하기로 이름난 물리학 용어가 젊은 세대의 SNS는 말할 것도 없고 일반 회사원의 회식 자리 술안주거리로 오르내렸다. 출판계의 반응도 뜨거웠다. 영화 시사회를 보자마자 유명 물리학자와 출판사 대표가 의기투합하여 한 달 만에 〈인터스텔라〉의 과학에 대한 교양 과학 서적을 출간했다. 미국에서 나온 〈인터스텔라〉에 대한 교양 과학 서적 역시 두 달 만에 번역되어 나왔다. 어떤 경제 신문에서는 중력이론에 대한 기사를 실었고 어떤 물리학자는 모든 TV 공중파 방송에 겹치기 출연을 해야 할 정도였다. 모 대학의 교양 과학 강연은 〈인터스텔라〉 덕분에 만석을 기록했다는 얘기도 들렸다. 누군가의 표현을 빌자면, 오랫동안 우리나라 공교육이 해내지 못한 일을 영화 한 편이 불과 한 달 만에 해치워버린 것이다.

〈인터스텔라〉는 몇 가지 점에서 특기할 만하다. 물리학자의 관점에서 볼 때 이 영화는 물리학으로 시작해 물리학으로 끝난다. 아인슈타인의 일반상대성이론 및 관련 현상을 모르고서는 각본의 기본 얼개조차 구상할 수 없었을 것이다. 뭐든 다 된다는 식의 허무맹랑한 공상 대신 첨단 물리이론과 영화적 상상력을 유기적으로 결합하여 현실감을 극대화했다. 최초 기획부터 영화 제작까지 모두 물리학자가 주도했다. 중력파 발견으로 2017년 노벨상을 받은 킵 손 교수는 웜홀 이론의 창시자이기도 하다. 그는 자신의 이론을 바탕으로 영화를 기획했다. 영화 제작 중에는 제기된 문제를 해결하는 과정에서 두 편의 논문을 전문 학술지에 발표하기도 했다.

홍행 면에서는 외국과 우리나라의 결과가 엇갈린다. 〈인터스텔라〉는 2014년 한 해 동안 미국에서 16위의 홍행 실적을 올렸다. 실패라고 할 수는 없으나 기대에 미치지 못했다는 것이 일반적 평가다. 전 세계의 홍행 실적도 크게 다르지 않다. 이에 비해 유독 국내에서는 대성공을 거두었다. 개봉 전 대부분의 전문가는 국내 관객이 300만을 넘지 못할 거라 예상했다고 한다. 이런 예상을 뒤엎고 〈인터스텔라〉는 1000만 관객을 돌파하며 역대 12위의 홍행 실적을 올렸다. 외화 중에서는 〈아바타〉와 〈겨울왕국〉에 이은 3위의 기록이다. 개봉 시기로 보면 더욱 놀랍다. 그간 관객 1000만을 돌파한 영화는 모두가 영화 성수기인 여름이나 겨울 아니면 추석을 앞두고 개봉되었는데 〈인터스텔라〉만 유일하게 비수기인 11월에 개봉되었다.

우리나라 관객은 과학에 관심이 많다?

유독 국내에서만 대성공을 거둔 까닭은 무엇일까? 놀란 감독은 〈메멘토〉, 〈배트맨 다크나이트 시리즈〉, 〈인셉션〉 등으로 우리나라에도 많은 마니아를 확보하고 있다. 이들이 〈인터스텔라〉에도 강력한 지지를 보냈을 것이다. 물론 탄탄한 각본과 배우들의 명연기, 우주를 배경으로 한 화려한 볼거리 등 영화 자체가 여러 흥행 요소를 지니고 있었던 점도 빼놓을 수 없다. 영화를 수입, 배급하는 거대 자본의 힘도 영화 흥행에 도움을 주었을 것이다. 그러나 이런 점들은 〈인터스텔라〉에만 국한된 것이 아니다.

흥행 성공은 한 가지가 아니라 여러 가지 요인이 복합적으로 작용한 것으로 보인다. 우선 〈인터스텔라〉에는 두 가지 이질적 특성이 절묘하게 결합되어있다. 한 가지는 심오한 과학 이론을 바탕으로 만든 영화라는 점이고, 다른 한 가지는 그와는 무관하게 가족애라는 극히 단순한 감동 포인트가 있다는 점이다. 영화 전반에 걸쳐 일반상대성이론에 바탕을 둔 각본은 일반인에게 결코 쉽지 않다. 그러나 이런 난해함이 단순한 난해함으로 끝나지 않고 오히려 우주의 신비를 생생하게 드러낸 화면과 어우러져 명품 영화의 아우

라를 갖게 했다. 관람 후 이 난해함을 해소하는 것까지도 〈인터스텔라〉를 즐기는 과정이 된 것이다.

한편 세부 내용의 이해와는 별도로 관객들은 시공을 초월하는 가족애에 감동했다. 보통의 경우 시공을 초월하는 어떤 것을 갈등 해소의 기제로 사용하려면 비과학적인 요소를 아무런 설명 없이 도입할 수밖에 없다. 이는 극적 긴장감을 떨어뜨려 관객의 부정적인 반응을 증가시키는 것이 보통이다. 그러나 이 영화에서는 심오한 과학 이론으로 그 문제를 해소했다고 보장하고 있으니 관객들은 비교적 편한 심리 상태로 영화를 감상할 수 있었다. 특히 2015년 한국은 메르스 창궐, 한국사 국정 교과서 사태, 서초동 세모녀 살해 사건 등 국가 수준부터 개인의 일상에 이르기까지 온갖 갈등이 이어지고 정신적 스트레스가 견디기 힘들 정도로 개개인에게 가해졌다. 이러한 때에 광활한 우주로의 탈출과 인간적 유대 관계의 최후 보루라 할 수 있는 가족애는 국내 관객의 심금을 울렸을 것이다. 이는 여러 인터넷 사이트에서 〈인터스텔라〉의 감동적인 장면에 대해 쓴 글들을 찾아보면 확인할 수 있다. 이해되지 않는 부분과 무관하게 부성애에 감동한 관객들은 영화가 끝난 후에도 감동을 공유하고 과학 이론을 캐물으며 영화에 대한 관심을 이어갔다.

또 다른 것으로는 우리나라 특유의 대세 추종형 사회 분위기를 들 수 있다. 다른 나라에 비해 우리나라 사람들 사이의 더 끈끈한 인간관계는 잘 알려져 있다. 사람들 사이의 관계가 삶에 많은 영향을 미친다. 좁은 국토에 많은 사람이 몰려 살면서 오랜 시간 동안 순탄치 않은 역사와 유교 문화를 공유해왔기 때문일 것이다. 최근 들어 혈연, 지연 등으로 얽힌 전통적 인간관계는 영향력이 전보다 많이 줄었다. 하지만 인터넷이 보급되면서 전과는 다른 형태로 젊은 세대의 인간관계 중에 이런 경향이 지속되고 있다. 얼핏 보면 서구 사회와 같이 개인주의적으로 변모한 것처럼 보이지만, 실제로는 여전히 주변을 많이 의식하고 한 가지 기준으로 줄을 세우는 사회 분위기가 사라지지 않고 있는 것이다. 유행에 극도로 민감해 어느 하나가 대세가 되면 그 밖의 다른 것은 살아남기 힘들고 튀는 것이 용납되지 않는다. 최근 스마트폰의 폭발적 확산은 이런 현상의 사례이자, 동시에 이런 경향을 더욱 부채질하고 있다. 예를 들면 이제는 학생들이 학교에 입고 가는 옷도 특정 회사의 옷이어야만 하고, 군것질거리로 먹는 과자조차도 특정 회사의 신제품이어야만 한다. 영화도 한번 대세가 되면 여간해선 안 보고 넘어가기가 쉽지 않다.

어떤 신문 기사에서는 흥행 성공의 요인으로 우리나라의 높은 교육열을 들기도 했다. 아이를 동반한 가족 단위 관람객이 많았다고 한다. 블랙홀, 웜홀 등 우주의 신비를 과학적으로 정확하게 구현했다는 점에서 〈인터스텔라〉가 아이의 교육에 도움이 될 것으로 생각해 같이 보러 왔다는 것이다. 우리 아이만 뒤처질 수 없다는 생각, 아이의 교육을 위해서라면 악마와도 손을 잡을 수 있다는 것이 우리나라 부모의 일반적 정서일 것이다.

신문 기사에 따르면 놀란 감독에게도 한국의 흥행 성공 이유에 대해 물어본 적이 있었다. 이 질문에 대해 놀란 감독은 우리나라 관객이 과학에 관심이 많기 때문인 것 같다고 답했다. 과연 그럴까?

존재하지 않는 과학의 가치

우리나라는 전 세계에서 인터넷 속도가 가장 빠른 나라로 잘 알려져 있다. 스마트폰을 가장 빨리 바꾸는 나라라고도 한다. 또한 정부나 언론을 포함하여 사회 각계각층에서는 과학의 중요성을 일관되게 강조하고 있다. 앞에서 언급했듯이 아이들이 과학에 흥미를 갖게 하려고 학부모들이 많은 돈과 시간을 투자하는 것도 사실이다.

그러나 이런 국가적, 사회적 관심에도 불구하고, 과학에 대해 진정으로 관심을 가지고 있는 사람은 별로 많지 않다. 나는 지금까지 우리나라 정부나 사회에서 돈벌이 수단으로써의 과학 이외에 다른 어떤 관심을 보였는지 알지 못한다. '과학기술'이라는 익숙한 용어가 이를 단적으로 나타낸다. 우리나라에서 '과학'은 '과학기술'을 뜻하며 '기초과학'은 (기업이 아니라) '학교에서 연구하는 과학기술'을 뜻하는 경우가 많다. 우리나라에서는 현실에 당장 써먹을 결과물을 만들지 못하는 과학 연구는 존재 가치가 없다. 예외가 있긴 하다. 노벨상 수상 가능성이 있다고 알려진다면 말이다. 그런데 이는 과학이 아니라 상에 대한 관심일 뿐이다. 다른 나라에 어깨를 한번 으쓱하는 데 필요한 겉치레로서 말이다.

학부모가 과학에 보이는 관심도 사정이 비슷하다. 과학은 아이의 교육용으로나 쓸모가 있을 뿐이다. 오로지 아이가 수월하게 대학 진학을 하게 하려고 가족 단위로 극장에까지 가줘야 하는 그 어떤 것일 뿐, 학부모 본인이 과학에 관심이 있는 것이 아니다.

나름대로 과학에 관심이 많다는 사람들조차도 대부분

과학과 지식의 우표 수집을 구분하지 못한다. 이들에게는 세상에서 일어나는 수많은 잡다한 현상에 대해 개별적인 과학적 설명이 백과사전 항목처럼 늘어서 있을 뿐이다. 과학적 설명들이 얼마나 긴밀히 연결되어 통합된 과학 이론을 이루고 과학적 세계관을 형성하는지 알지 못한다.

우리나라에서 지성인이 갖추어야 할 교양 목록 속에 철학이나 문학, 역사, 예술 등은 들어 있겠지만 과학이 포함되는 경우는 드물다. 과학(아니 과학기술)은 특별한 분야에만 사용할 수 있는 특정 지식이라 그 분야의 전문가만 알고 있으면 된다고 생각하기 때문이다. 지적 호기심의 산물이자 인류 문명의 정수로서 과학이 가지고 있는 가치는 적어도 우리나라에서는 존재하지 않는다. 그래서 고위 관료가 과학 행사장에서 "저는 과학에 대해 잘 모르지만……"하면서 축사를 하더라도 전혀 부끄러워하지 않는다.

놀란 감독은 우리나라의 사정을 잘 모른 채 그냥 그럴 듯한 미사여구를 나열한 것일 뿐이다.

관점을 약간 달리하여 이렇게 물어볼 수도 있겠다. '한국에서 〈인터스텔라〉 같은 영화가 나올 수 있을까?' 한류 열풍을 타고 세계적으로 경쟁력을 키워가고 있는 한국 영화계라면 가까운 장래에 이런 종류의 영화에도 충분히 도전할 수 있지 않을까?

나는 가능하지 않다고 생각한다. 〈인터스텔라〉는 영화의 최초 기획 자체를 물리학자 킵 손 교수가 맡았다. 그리고 조너선 놀란(크리스토퍼 놀란 감독의 동생)은 킵 손 교수에게 상대성이론 등을 배워가며 4년 동안 〈인터스텔라〉의 각본을 썼다. 영화 제작 과정에서 킵 손 교수는 놀란 형제에게 영화 제작의 원칙으로 두 가지를 제시했다. 첫째는 영화의 어느 것도 이미 잘 정립된 과학 법칙에 어긋나지 않을 것. 둘째는 과학적으로 아직 잘 알려져 있지 않아서 영화적 상상력을 동원할 때에도 과학적으로 충분히 가능한 아이디어에 바탕을 둘 것.

이 두 가지 원칙을 바탕으로 놀란 형제는 킵 손 교수와 끊임없이 의견을 주고받으며 영화를 제작했다. 킵 손 교수 또한 놀란 형제의 영화적 상상력을 가볍게 무시하지 않고 과학적으로 구현하기 위해 밤잠을 설치며 이론을 만들었다. 전혀 다른 두 분야의 최고 전문가가 상대방을 존중하며 진정한 협업을 통해 최고의 결과물을 만들어낸 것이다. 한두 번의 단편적 대화가 아니라 몇 년에 걸친 대화와 토론을 통해서 말이다. 우리나라에서 이것이 가능할까? 이 질문에 긍정적으로 답할 수 없다는 것이 우리의 현실이다.

인터스텔라 현상에서 찾을 수 있는 융합의 의미

미래는 융합의 시대라고 한다. 틀에 박힌 기존의 학문 분야를 뛰어넘어 다양한 분야가 융합되고, 그를 통해 새로운 지식이 창출되며 새로운 산업이 발전한다고 한다. 그리고 이에 대비한 창의 인재를 육성하기 위해 학교에서도 문·이과의 벽을 허물고 여러 과목을 결합한 융합 교육을 강조하고 있다. 〈인터스텔라〉의 경우에도 과학과 영화의 융합이라고 할 수 있을 것이다. 그러나 위에서 설명한 〈인터스텔라〉의 제작 과정에 대해 음미해보면 이것이 요새 흔히 거론하는 융합과는 거리가 있음을 깨달을 수 있다.

통상적으로 생각하는 융합 교육은 융합 과학처럼 과목 차원에서 이미 융합되어있다. 음식에 비유하자면 비빔밥을 만드는 것이라 할 수 있을 것이다. 또 다른 융합은 문·이과 통합처럼 다양한 분야의 과목을 한 개인에게 교육하는 것이다. 음식에 비유하자면 뷔페처럼 다양한 메뉴를 늘어놓는 것이다. 나는 기본적으로 이런 방향의 교육 변화가 나쁘지 않다고 생각한다. 현대사회에서 제기되는 다양한 이슈에 대해 합리적 판단을 할 수 있도록 최소한의 필요한 지식을 가르쳐야 한다는 의미에서다. 그럼으로써 어느 한쪽에 심각한 결함을 갖지 않은 균형 잡힌 교양인을 육성할 수 있을 것이다. 그러나 이런 교육만으로는 부족한 것이 있다. 깊은 맛이 나는 장인의 음식은 누가 만들 것인가?

기존의 분야이든 미래에 새롭게 생겨날 어떤 분야이든 핵심부에서 새로운 가치를 창출하고 변화를 이끄는 것은 전문가들이다. 전문가는 그 분야의 아주 작은 것 하나까지 스스로 경험하고 분석하고 판단하며 자신의 고유한 관점을 형성한다. 전문가가 되기 위한 과정이 순탄할 리는 없다. 수많은 실수와 시행착오의 연속일 경우가 많다. 그러나 이를 극복하는 과정에서 축적된 경험이 전문가를 전문가로 만들어주는 것이다. 또한 그 경험이 단순 전문 분야를 넘어 어디에나 적용할 수 있는 보편적 자산이 된다.

〈인터스텔라〉는 서로 다른 분야의 최고 전문가가 모였을 때 무엇이 창출될 수 있는지 보여주는 구체적 사례다. 미래 시대에 필요한 융합은 이러한 형태일 가능성이 높다. 각 분야 최고의 전문가가 모여 서로를 이해하며 긴 시간 동안 협업을 할 때 경계가 허물어지고 기존에 존재하지 않았던 새로운 지식과 가치가 창출되는 것이다. 적당한 수준의 지식을 가진 사람들이 모여 적당한 수준의 대화를 나누면 적당한 결과밖에 나오지 않는다.

창의성은 아무것도 없는 상태에서 하늘에서 떨어지는 것이 아니다. 융합 과목을 배우고 다방면의 교양을 쌓아서 길러지는 것도 아니다. 기존에 존재했던 모든 길을 본인 스스로의 노력으로 재탐색하고 끝나지 않을 것 같은 사고의 단계를 극한으로 밀어붙이는 경험을 해보았을 때 그동안 사람들이 발견하지 못했던 작은 오솔길을 보게 된다. 그리고 그 길을 따라 다른 분야를 만나고 진정한 융합이 일어날 수 있다. 이것이 '인터스텔라 현상'에서 우리가 발견할 수 있는 가치다.

1915년, 〈인터스텔라〉를 가능하게 한 일반상대성이론이 완성되었다. 시간과 공간에 대한 기존의 이해를 송두리째 뒤엎고 우주의 비밀을 밝힌 이 이론은 아인슈타인이 10년 가까이 고독하게 연구한 끝에 이룩한 업적이었다. 아인슈타인이 이 업적으로 경제 발전에 크게 기여한 바는 없다. 노벨상도 일반상대성이론으로 받은 것이 아니다. 그러나 그는 창의성의 대명사가 되었고 그의 일반상대성이론은 인류 문명의 정수로 인정받고 있다.

'인터스텔라 현상'은 우리 사회의 여러 특성을 잘 보여준다. 갑자기 늘어난 과학에 대한 관심도 그 한 단면이라 할 수 있다. 이 관심이 일회성으로 끝나지 않고 지속되기를 바란다. 이제 우리도 교육 수단으로서의 과학이 아니라 과학을 과학 자체로 향유하는 문화가 확산되기를 기대한다. 그리고 취업이나 대학 진학을 위한 교육, 구호만 있는 창의 융합 교육이 아니라 잠재력을 키우고 생각하는 힘을 길러 주는 교육이 되기를 바란다.

어떤 초등학교 교과서의 치명적 오류

왜 과학을 배우는가?

초등학교 교과서의 어떤 오류

초등학교 교과서를 보고 매우 충격을 받은 적이 있다. 어떻게 21세기 문명사회에서 이런 일이 있을 수 있는지 지금도 믿어지지 않을 정도다.

초등학교 5학년 《국어》 및 《국어활동》 교과서에는 '말의 영향'이라는 단원이 있다. 바르고 고운 말을 써야 하는 이유가 다양한 예와 함께 잘 나온다. 듣는 이를 고려하여 신중하게 말하고 배운 것을 생활 속에서 실천하자는 것이 주요 내용이다. 이 단원의 전체적인 취지와 구성은 매우 훌륭하다. 초등학생의 눈높이에 맞춰 높은 교육 효과를 얻기 위해 교과서 필진이 얼마나 많은 정성을 쏟았을지 충분히 짐작할 수 있었다.

그러나 악마는 세부 내용에 있는 법이다. 과학적 분석을 통해 말의 힘에 대해 살펴보자면서 이 교과서는 몇 년 전에 TV에서 방영한 어떤 다큐멘터리 실험을 제시한다. '밥 실험'

막 지은 따뜻한 밥을 두 개의 병에 담고 각각 "고맙습니다." 와 "짜증 나!"라는 글을 써서 붙인다. 그리고 실험에 참여한 사람들은 "고맙습니다."라고 써 붙인 병에는 "고맙습니다.", "사랑해.", "아, 예쁘다."와 같은 말을 하고, "짜증 나!"라고 써 붙인 병에는 "짜증 나.", "미워.", "꺼져.", "냄새날 것 같아."와 같은 말을 하였다.

그러자 실험을 시작한 지 3~4일 뒤부터 두 병에 담긴 밥에는 각기 다른 변화가 나타났다. "고맙습니다."라고 써 붙이고 좋은 말을 한 병에 담긴 밥에는 하얗고 뽀얀 곰팡이가 생겨 비교적 예쁜 상태를 유지했고 구수한 누룩 냄새가 났지만, "짜증 나!"라고 써 붙이고 나쁜 말을 한 병에 담긴 밥은 보기 싫은 곰팡이가 생겼다. _초등학교《국어》5-1 교사용 지도서 233쪽

_초등학교《국어활동》5-1 110쪽

이라고 명명된 이 실험은《국어》교과서의 교사용 지도서에 상세하게 기술되어있다.

학생용 교과서에는 병에 헤드폰을 씌워놓고 지속해서 좋은 말과 나쁜 말을 들려주는 실험 장면이 사진으로 나와 있다. 그리고 이 실험을 한 뒤 실험 결과를 각각 써보자며 빈 칸이 마련되어있다.

명색이 국가가 공인한 교과서에 이런 내용이 나와 있다는 것을 나는 지금도 믿을 수 없다. 처음에 이 교과서를 봤을 때는 눈으로 보고 있으면서도 믿을 수가 없어서 휴대전화기로 사진을 여러 장 찍어두었다. 지금도 혹시 없는 얘기를 하는 것은 아닌지 마음 한쪽에서 의심될 정도다.

아직 이 글에서 무엇을 말하려는지 눈치 채지 못한 독자들이 있을 것이다. 도대체 무엇이 문제란 말인가? 이것은 우리나라 사람 누구나 다 알고 있는 유명한 실험 아닌가? 이 주제로 어떤 책은 베스트셀러가 되기도 했고 지금까지 방송으로도 여러 번 다뤄진 적이 있다. 고운 말을 써야 할 필요성을 아주 설득력 있게 보여주는 좋은 내용이 아닌가?

단적으로 말하자면 이 '밥 실험'은 통째로 틀렸다. 단순히 실험 결과가 논란의 여지가 있다는 수준이 아니라, 조금이라도 의미를 찾을 구석이 보이지 않는 총체적 난국이다. 겉

보기에는 과학 실험의 형식을 빌고 있지만 실제로는 최악의 사이비 과학이다. 인류가 과학적 방법을 정립한 것은 짧게 잡아도 뉴턴이 활동한 1600년대. 그로부터 400년이 가깝 도록 쌓아 올린 과학의 성과와 과학적 방법, 그리고 과학적 세계관을 이 교과서는 송두리째 부정하고 있다.

단순히 웃고 넘길 수 없는 이유

이 '밥 실험'이 교과서에 실린 것은 어디서부터 손을 대야 할지 알 수 없을 정도로 모든 것이 잘못되었을 때만 일어날 수 있는 사건이다. 우선 가장 쉽게 지적할 수 있는 것은 이 것이 객관적으로 인정받을 수 있는 실험의 조건을 갖추지 못했다는 것이다. 만에 하나 많은 사람이 이 '밥 실험'을 행 하여 교과서에 나온 것과 같은 결과를 실제로 얻는다고 해 도 마찬가지다. 결과를 변화시킬 수 있는 수많은 요인을 면 밀히 통제하지 않는 상황에서는 잘못된 결론에 도달할 위험 이 있기 때문이다. 이를 잘 나타내는 대표적인 사례로 물체 가 무거울수록 빨리 떨어진다는 아리스토텔레스의 주장이 있다. 일상생활에서 가벼운 물체보다 무거운 물체가 빨리 떨어지는 것은 누구나 수도 없이 경험한다. 그러므로 아리스토텔레스의 주장은 매우 당연해 보인다. 그러나 1600년대의 갈릴레이가 밝혔듯이 이 주장은 틀렸다. 떨어지는 속도의 차이는 무게 때문이 아니라 공기의 저항 때문이다. 이처럼 '밥 실험'에서도 설령 두 밥의 부패에 차이가 생기더라도 그것이 들려준 말 때문이라는 결론은 내릴 수 없다. 게다가 당연한 얘기지만 '밥 실험'은 항상 교과서의 '정답'처럼 결과가 나오지도 않는다. 내 수업을 듣는 학생이나 수업 시간에 실제로 이 실험을 해봤다는 학교 선생님의 경험담을 들어봐도 결과가 잘못 나와 그냥 흐지부지되었다는 얘기가 많다. 인터넷에서도 결과가 이상하게 나왔다는 글을 어렵지 않게 찾을 수 있다.

물론 인터넷에는 실패했다는 글보다 성공했다는 글이 훨씬 많다. 그런데 이것은 실험 결과가 교과서처럼 나오는 경우가 더 많아서가 아니다. '실패'한 실험에 대해 애써 인터넷에 글을 쓸 이유가 없기 때문이다. 바로 이 지점에 생각이 미치면 이 '밥 실험'이 단순히 웃고 넘길 사건이 아님을 깨달을 수 있다. 생각해보자. 대한민국 모든 초등학교와 집에서 행한 수많은 실험 중에서 줄잡아 절반 정도는 교과서의 '정답'대로 결과가 나오지 않았을 것이다. 그 '실패'한 실험을 수행한 초등학생은 교과서가 틀렸으리라고는 꿈에도 생각하지 못하고 자책했을 것이다. 한 달 가까이 감정을 가득 실어 "사랑합니다, 고맙습니다"와 "짜증 나, 미워"를 외쳤건만 밥풀은 왜 내 마음을 몰라주고 엉뚱한 결과를 냈을까? 엄마나 선생님에게서 핀잔을 들었을지도 모른다. 정성이 부족해서 그런 거지! 어떤 학생은 그쯤에서 포기하고 무의식 중에 과학 실험이나 고운 말 쓰기에 대한 트라우마를 얻었을 것이다. 좀 더 용기가 있는 학생은 한 번의 '실패'에 굴하지 않고 다시 실험을 했을 수도 있다. 그래서 마침내 원하던 결과를 내는 데 '성공'하고 어깨를 으쓱했을 것이다. 처음에는 왜 '실패'하고 그다음에는 왜 '성공'했는지 따지는 것은 중요치 않다. '성공했다는 결과'가 중요한 것이지.

소수의 어떤 학생들은 선생님에게 이렇게 질문했을지도 모른다. 사람의 언어는 오랜 역사에서 임의로 정한 약속일 뿐인데 그것이 좋은 뜻, 나쁜 뜻을 가려가며 밥풀에 제각각 다른 영향을 줄 수 있느냐고 말이다. 그리고 어떤 곰팡이가 예쁘다, 보기 싫다고 하는 것은 절대적 기준이 없이 사람의 감성에 따라 달라지는 것 아니냐고, 교과서가 이상하다고 말이다. 물론 그런 의견은 대부분 무시되거나 고운 말을 쓰자는 좋은 취지의 내용이니 문제 될 것 없다는 정도의 답변을 받았을 것이다. 시험에 나오면 '정답'대로 써야 한다는 다짐과 함께.

세월호와 겹쳐 보이는 이유

이번에 처음으로 초등학교 교과서를 보았다. '국민학교' 시절의 교과서만 머릿속에 희미하게 남아있는 나에게 이 교과서는 모든 것이 새로웠다. 우선 《국어활동》이라는 교과서가 더 있는 것부터 생소했다. 실제 수업에서 높은 교육 효과를 낼 수 있도록 세심하게 집필되었음이 분명했다. 국어와 전혀 무관할 것 같은 곳에서도 다양한 소재를 찾아 초등학생의 눈높이에 맞춰 적재적소에 배치하고 있었다. 나 같은 비전문가도 이 교과서에 많은 사람의 정성이 담겨있다는 것을 쉽게 알 수 있었다. 그리고 지난 수십 년간 우리나라 교육 역량이 얼마나 발전했는지 느낄 수 있었다. 세간에 우리나라 공교육이 문제가 많다는 비판이 아무리 난무하더라도 21세기의 교과서는 수십 년 전의 열악한 국정교과서에 비할 바가 아니다.

그러나 교과서의 여러 장점이 눈에 들어올수록, '밥 실험'

이 왜 여기 있어야 하는지 점점 더 의아했다. 도대체 무엇이 문제였기에 이런 저급한 중세 시대의 유물이 온갖 첨단 교육 이론으로 무장한 교과서에 등장하게 된 것일까? 어떤 과정을 거쳐서 이 내용이 제안되고 짧지 않았을 검증 과정을 거쳐 마침내 교과서에 실린 것일까? 기나긴 교과서 집필 과정 동안 아무런 문제 제기도 없었을까?

교과서에 실린 '밥 실험' 사진에 겹쳐 보이는 것이 있었다. 세월호 침몰 장면이다. "가만히 있으라"는 말에 마지막 순간까지 기다리다 아무 영문도 모른 채 차가운 바닷속으로 들어간 300여의 꽃봉오리. 이들이 눈앞에서 떠나지 않아 지금도 이성적 사고가 쉽지 않지만, 비극의 차원을 떠나 현실 세계에 존재한다는 것 자체가 부조리하다는 점에서 '밥 실험'과 세월호 참사는 공통점이 있다. 두 사건 모두 21세기 대한민국을 천 년 전의 중세 시대로 되돌려 초현실주의의 꿈의 세계로 만든다. 과학의 이름을 빌려 얼토당토않은 '정답'을 제시하고 합리적 설명도 없이 밥풀조차 말을 알아들으니 고운 말을 쓰라는 것은, 아무런 상황 설명도 없이 안전한 배 안에서 가만히 있으라는 '정답'을 되풀이하는 것과 얼마나 다른가. 비록 무리한 점이 있지만 고운 말을 쓰자는 소기의 목적을 효율적으로 달성하면 충분한 것일까? 그사이에 정직한 실험으로 정직한 결과를 얻은 수많은 초등학생은 정성이 부족한 존재로 전락하고 만다. 행여 주위의 눈총이 따가워 원하는 쪽으로 결과를 끼워 맞추지 않으면 다행이다. 아마도 수많은 선생님과 학부모는 제대로 따져보지도 않고 '정답'이 이거라고 외치며 벌거벗은 임금님의 행차를 환영하러 나온 군중이 되었을 것이다. 시간이 흘렀고 국민의 세금이 들어가니 남은 사람이라도 잘 살려면 제시된 '정답' 이외에는 묻지도 따지지도 말라는 세월호와 다를 바가 없다. 초등학생들은 2014년의 세월호처럼 지금도 고운말 쓰기라는 미명아래 '밥 실험'을 하며 정답이 강요한 바다로 빠져든다.

과학 교양 교육의 존재 의의

교과서에 '밥 실험'이 나와 있다는 것을 알게 된 것은 내가 담당하고 있는 K-MOOC 강의를 통해서이다. K-MOOC는 정부에서 2015년에 시작한 온라인 공개강좌 사업이다. 나는 사업 첫 해부터 '현대물리학과 인간 사고의 변혁'이라는 과학 교양 과목을 강의하고 있다. 아무런 조건 없이 누구나 수강 신청을 할 수 있으므로 수강생 대부분은 대학생이 아닌 일반인이다. 초등학생부터 80대 노인까지 제 각각 직업과 배경 지식이 다르다. 초등학교 선생님이신 어떤 수강생이 토론 게시판에 글을 올려 나는 비로소 '밥 실험'이 교과서에 실려있다는 사실을 알게 되었다. 설마 하며 차일피일 미루다 어느 날 시간을 냈다. 어렵게 도서관을 뒤져 교과서를 확인하던 순간을 나는 지금도 잊지 못한다.

K-MOOC의 온라인 강의 이전에도 나는 같은 제목으로 이화여대에서 10여 년 동안 학생들에게 과학 교양 강의를 해오고 있었다. 강의하면서 늘 고민하는 점은 이 과목의 존재 의의가 무엇인가이다. 대부분 수강생은 앞으로 과학과 아무 관련이 없는 삶을 살아갈 것이다. 한 학기 동안 열심히 공부하여 이런저런 세부적인 과학 지식을 외우고 좋은 성적을 받는 것이 어떤 의미가 있을까? 한 달도 되지 않아 대부분 기억에서 사라질 내용에 수강생들은 왜 시간을 투자해야 하는가?

결국 중요한 것은 세세한 지식이 아니라 흔히 얘기하는 과학적 소양을 기르는 것이고 과학적 세계관을 형성하는 것이다. 뉴턴의 만유인력의 법칙, 보어의 원자모형을 아무리 외워봐야 그것이 우리가 세상을 이해하는 관점을 어떻게 바꿨는지 깨닫지 못한다면 아무 소용이 없다. 초중고 과학 교육은 이와 얼마나 다를까?

과학적 소양이나 세계관이란 예를 들면 이런 것이다. 우리가 사는 현실 세계는 해리포터의 마법의 세계와 다름을 아는 것, 밥풀이 특정 한국어의 뜻을 느낀다고 상상하지 않는 것, 혹시라도 의심스럽다면 과학 실험은 과학 전문가의 의견을 들어봐야 한다는 것을 아는 것. 또는 이런 것이다. 초등학교 때부터 배우듯이 세상 모든 것이 원자로 되어있으며 밥풀이나 곰팡이도 예외가 아니라는 것, 그리고 사람의 말소리는 공기 분자의 진동으로 밥풀에 전달되며 그 원자들의 덩어리에 사실상 아무런 영향도 끼칠 리가 없다는 것을 아는 것. 사실 지금과 같은 정보화 시대에는 이마저도 불필요하다. '밥 실험'의 '정답'에 대해 이상하다고 생각하고 정보를 찾아보는 것 정도면 충분하다. 즉, 권위를 앞세운 어떤 주장을 그대로 수용하지 않고 비판적으로 바라볼 마음의 자세만 있으면 되는 것이다. 그런데 어떻게 교과서 제작 과정에서 이 최소한의 상식이 통하지 않았는지 알 수가 없다. 누군가 확인했을 거라는 사소한 방심을 매우 작은 확률로 모두가 겹쳐서 한 것일까?

과학적 세계관은 주입식 교육이나 선행교육으로 형성되

지 않는다. 과학적으로 중요하고 수능에도 잘 나오는 실험의 방법과 결과를 통째로 외운다고 하여 형성되지도 않는다. 어설프더라도 정해진 답을 강요받지 않고 학생 각자가 눈으로 직접 보고 느끼며 실험해야 한다. 그리고 그것이 우리가 세상을 이해하는 데 어떤 의미가 있는 것인지 토론하는 경험을 함으로써 조금씩 쌓여가는 것이다. 시험 점수를 잘 받게 하는 수업은 교육이 아니라 시험 기계를 만드는 것이다. 비판 정신의 싹을 잘라내는 것이며 과학적 세계관에서 더 멀어지게 하는 것이다.

어린 학생부터 기성세대까지, 그리고 일반인에서 특정 분야의 전문가에 이르기까지 우리 사회는 너무 정답만을 외워오는 데 익숙했던 것 같다. 국어는 국어로만, 사회는 사회로만, 과학은 과학으로만, 예술은 예술로만 틀에 가둬놓고 전체적 맥락은 모른 채 그 안에서 시험문제의 정답만을 외운 것이다. 과학적 사고는 과학뿐 아니라 국어나 사회 안에서도 작동해야 하고 그 반대도 마찬가지다. 모든 것이 유기적으로 통합되어 세계를 이해하는 하나의 관을 형성하도록 하는 것이 시험문제 몇 개 더 맞히기보다 훨씬 중요한 교육 목표일 것이다.

일반인을 대상으로 한 나의 K-MOOC 강의는 대학생을 대상으로 하는 보통 대학 강의보다 질문의 내용과 수준이 다양하다. 그 덕분에 '밥 실험'의 존재에 대해서도 알 수 있었다. 그로 인해 한없이 절망했지만 한편으로는 무엇을 위한 교육인지 다시 생각해볼 수 있었다. 아무런 현실적 이익이나 의무가 없음에도 불구하고 순수한 지적 욕구로 자발적으로 수강하는 많은 수강생을 보며 아직은 구조의 희망을 품어본다.

  덧붙임 본문에 썼듯이 이 글은 2015년 어떤 수강생의 제보를 받고 교과서를 확인한 후 계간《우리교육》2016년 여름호에 실렸다. 2018년 7월 현재 원고를 교정하다 확인한 바에 의하면 초등학교 5학년 1학기《국어활동》교과서 110~111쪽의 '밥 실험'은 2016년부터 사라지고 다른 내용으로 대체되었다. 뒤늦게나마 참으로 다행스러운 일이다. 그러나 불행하게도 인터넷을 검색해보면 여전히 적지 않은 학교와 선생님이 학생들과 이 실험을 하고 있다는 것을 알 수 있다. 심지어 초등학교뿐 아니라 중고등학교에서도 고운 말 쓰기 운동의 일환으로 이 실험을 하고 있으며, 유수의 언론에서도 이 실험을 언급하고 있다. 교과서의 틀린 내용은 단순 교체만으로 해결되지 않는다. 틀린 이유를 적시하고 해당 내용을 가르치지 말도록 명확한 지침을 내려야 한다. 2018년 현재 이 문제는 여전히 유령처럼 교육 현장을 배회하고 있다.

페트병 에어컨 소동을 둘러싼 한국 사회의 불신 문화

우리는, 어쩌다가 이토록 불신하게 되었을까?

페트병 에어컨 소동

21세기 대한민국의 여름은 참으로 덥다. 2016년에 이어 2018년 여름도 폭염이 휩쓸고 있다. 역사상 가장 더웠다는 1994년을 능가할지도 모른다는 얘기도 들린다. 어느 지역 온도가 사상 최고를 기록했다는 뉴스가 나오면 '언제는 안 그랬어?' 하는 생각이 들 정도로 둔감해지기조차 하다.

2016년 아직 본격적인 더위가 시작되기 전인 6월 초에 글자 그대로 온도를 5℃는 떨어뜨려 줄 시원한 소식이 들려왔다. 분리수거하기에도 거추장스러운 페트병으로 에어컨을 만들 수 있다니! 국내 어느 의심스러운 발명가의 주장이 아니라 유명한 외국 웹사이트의 기사였다. 세계적으로 명성이 높은 어느 사회적 기업이 방글라데시에서 이미 수만 가구에 이 페트병 에어컨을 설치하여 효과를 보고 있다니 더 의심할 필요도 없었다. 국내 언론사들은 이 희소식을 앞다투어 보도하였고 각종 SNS는 이를 순식간에 전파하였다. 최소한 5℃가 떨어진다니 30℃가 넘는 찜통더위도 이제 견딜만하게 되었다는 희망에 다들 한껏 부풀었다.

내가 이 소식을 처음 접한 것은 아내를 통해서였다. 아내는 페트병을 이용하여 에어컨을 만들 수 있고 실내 온도가 최소한 5℃가 떨어진다는데 원리가 어떻게 되는지 아느냐고 물었다. 나는 인터넷에 흔히 떠도는 허황한 얘기라고 생각하여 그냥 무시하라고 답해줬다. 아내는 단순한 엉터리 기사는 아니라고 미심쩍어했으나 나는 곧 잊어버리고 말았다. 며칠 뒤 학교로 전화 한 통이 걸려왔다. 모 방송국 작가라면서 페트병 에어컨의 원리에 관해 설명해줄 수 있느냐는 것이다. 아내에게 들은 것이 떠오르긴 했으나 정확한 내용을 몰랐기 때문에 나는 그 작가에게 설명을 요청했다. 아내의 설명과 다를 바가 없었다. 페트병을 잘라서 판에 꽂으면 에어컨이 된다는 것이다. 외국에서는 이미 수만 가구가 혜택을 보고 있다고 했다. 도저히 믿기지 않았지만 외국에서 이미 효과가 입증되었다는 얘기에 나는 내심 걱정이 되었다. '내가 모르는 어떤 놀라운 과학 원리에 의해 이것이 가능하게 되는 것은 아닐까?' 열물리학이나 유체역학에 대한 몇몇 이론들이 머리를 스치면서 자신이 없어지기 시작했다. 명색이 물리학 교수인데 잘못 말했다가는 큰 낭패를 볼 것 같았다. 겨우 마음을 가다듬고 말했다. "지금 들은 내용만 으로는 온도가 내려갈 것 같지 않은데 정확한 판단을 위해 정보를 알려주세요." 그 작가는 외국에서 제작한 동영상 주소를 알려주면서 검토해달라고 하였다. 인터뷰도 했으면 좋겠다는 말도 잊지 않았다.

전화를 끊고 알려준 동영상을 보았다. 그 동영상은 매우 설득력이 있었다. 더위와 빈곤에 허덕이는 사람들이 행복해 하는 모습이 보였다. 5℃가 넘게 떨어진 온도계도 나와 있었다. 입으로 '후~' 하고 불 때 찬바람이 나오는 원리로 만들었다고 한다. 이미 수만 개의 페트병 에어컨이 설치되어 성공적으로 작동하는데 명색이 물리학자인 내가 이 간단한 장치조차 설명하지 못하다니 당혹스러웠다. 혹시나 해서 인터넷을 뒤져봐도 마음에 드는 설명은 찾을 수 없었다. 결국 그날 나는 답변을 할 수 없었다.

다음 날 무엇이 문제인지 다시 생각해보았다. 만약 외국의 성공 사례나 언론 보도가 없었다면 나는 1초도 걸리지 않고 이 페트병 에어컨이 사기라고 답했을 것이다. 아내에게 얘기한 것처럼. 내가 고민에 빠진 것은 수만 건에 달한다고 보도된 성공 사례 때문이다. 그런데 과연 그 성공 사례는 과학적으로 의심의 여지가 없는 실험 결과로 받아들여야 할까? 수업에서 나는 학생들에게 과학적 증거와 단순한 경험의 차이에 관해 설명하곤 한다. 그것이 비록 수만 건에 달하고 외국의 유명 단체가 주장하고 있다고 해도 과학적 증거가 아닌 것은 마찬가지다. 설령 방글라데시에 있는 수만 가구의 집에서 페트병 에어컨을 설치하여 온도가 정말 5℃ 떨어졌다고 해도, 그것이 그 장치가 '에어컨'으로 작동했기 때문에 떨어진 것인지, 아니면 그 장치를 설치하는 과정에서 집의 구조가 바뀌고 주변 환경과 맞물려 시원해진 것인지, 아니면 단순히 기온이 서로 다른 때에 측정했기 때문인지 알 수 없는 것이다.

결국 나를 막고 있던 것은 체면과 소심함이었다. 나중에 누군가가 과학적으로 믿을 만한 실험을 하고 작동 원리를 명쾌히 밝혀서 눈앞에 들이밀고 "자 봐라, 이 바보야. 너는 이런 것도 모르고 어찌 물리학자라고 하느냐?" 하는 것이 두려웠다. 그러나 혹시라도 그런 일이 생기면, 그건 그때 인정하면 될 일이다. 모르는 것을 모른다고 하는 것이 죄는 아니니까. 이런저런 그럴듯한 원리를 적당히 얼버무려 나 자신도 수긍하지 못하는 얘기를 할 수는 없었다. 그건 물리학자로서 해서는 안 되는 일이다.

꼬박 하루가 지나 나는 그 방송국 작가에게 다음과 같은 취지로 답장을 보냈다. "페트병 에어컨은 작동하지 않을 가능성이 매우 크며 작동하더라도 매우 특수한 상황에서만 가능하다. 현재 알려진 설명들은 틀렸다. 이 장치에 대해 방송하기를 권하지 않는다. 꼭 방송해야 한다면 다른 전문가를 찾아보라. 그러나 틀린 방송이 될 위험이 크다." 작가에게서 검토해줘서 고맙다는 짧은 답장을 받았다.

페트병 에어컨 방송의 허와 실

그 뒤 페트병 에어컨에 대해 잊고 지내다가 7월 초에 갑자기 생각이 나서 그 방송이 어떻게 되었는지 찾아보았다. 예상한 일이긴 하지만, 내 경고에도 불구하고 그 아침방송은 페트병 에어컨이 큰 효과가 있는 것으로 설명했다. 자칫하면 내가 들어갔을 자리에는 다른 전문가의 목소리가 나왔다. 사실을 말하자면, 방송에서 그 전문가가 페트병 에어컨을 직접 옹호하는 말을 하지는 않았다. 물리학의 어떤 일반 원리에 대해 짧게 한 문장으로 설명했을 뿐이다. 그러므로 엄밀히 말해 그 전문가가 페트병 에어컨에 대해 최종적으로 어떤 결론을 내렸는지 그 방송만으로는 알 수 없다. 방송 제작자들이 앞뒤 다 자르고 최대한 유리한 부분만을 골랐으리라는 점을 고려하면 더욱 그렇다.

재미있는 것은 방송 시점이다. 내가 작가에게 답장을 보낸 바로 다음 날 아침, 그러니까 작가가 내게 처음 문의를 한 시점부터 계산하면 하루 반 만에 그 프로그램이 방송되었다. 우리나라 방송 제작 일정이 그리 여유가 없다는 것은 알고 있었지만 이렇게 순식간일 줄은 미처 몰랐다. 지금 생각해보면 그 작가는 내게 페트병 에어컨의 과학적 타당성을 묻는 것이 목적이 아니었던 것 같다. 그 작가가 보기에 과학 원리는 이미 많은 기사에 다 나와 있으니 새삼 검토할 필요가 없었다. 단지 방송 프로그램의 구성상 어떤 전문가의 짧은 말 한마디를 넣고 싶었던 것이다. 방송을 보면 페트병 에어컨을 실제로 만들고 나름대로 실험까지 하여 온도가 떨어지는 장면이 나와 있었다. (물론 이 실험은 원하는 결과가 나오도록 끼워 맞춘 것이다) 이 실험은 서너 시간 만에 뚝딱 해치울 수 있는 것도 아니었다. 내게 문의하기 전에 모든 촬영이 끝나있었음이 분명하다. 거의 모든 부분을 완성한 상태에서 마지막으로 5초쯤 전문가의 '타이틀'을 단 어떤 사람의 목소리나 얼굴이 필요했던 것이다. 장식품으로써 말이다.

그런데 그런 사정도 모르고 나는 밤잠을 설치고 있었다. 안 될 것 같지만 검토를 해보겠다는 나의 반응을 그 방송 제작자들은 좀 답답하게 느꼈을 것이다. 이미 수만 명이 효과를 봤고 자신들이 직접 실험으로 검증까지 마친 장치인데 안 될 것 같다니, 게다가 방송 시간이 코앞인데 한가하게 검토나 하고 있겠다니 말이다. 방송 타는 것을 꺼리는 사람도 많으므로 나도 거부하는 의미에서 답장이 없는 것으로 생각했을 가능성도 크다. 종종 있는 일이라서 별 고민 없이 다른 전문가를 찾아 나섰을 것이다.

인터넷을 조금 더 찾아보니 6월 하순부터는 슬슬 다른 이야기가 나오고 있었다. 특히 인터넷에 블로그를 운영하는 어떤 기업체 연구원이 실제 실험까지 해가며 그때까지 알려진 설명의 오류를 밝히자 언론의 시각도 회의적으로 바뀌었다. 6월 말에는 여러 언론에서 페트병 에어컨의 문제점에 대해 짚어주었다. 그 이후 이제는 사람들의 기억에서 지워진 것으로 보인다. 결국 페트병 에어컨은 한여름 밤의 꿈으로 끝났다.

불신이 가져온 페트병 에어컨 소동

한 사건이 다른 사건에 묻혀 넘어가는 것이 보통일 정도로 눈과 귀를 잡아끄는 이벤트가 많은 대한민국에서 이 페트병 에어컨 소동은 이미 아무런 흔적도 남기지 않고 사라진 작은 사건에 불과할 것이다. 사실 이 사건은 비교적 잘 해결되어 결말까지 밝혀진 소수의 사례에 속한다. 그러나 역설적으로 바로 이 작은 사건을 통해서 왜 그렇게 많은 사건이 일어나고 또 그들이 해결되기도 전에 다른 사건으로 돌려막게 되는지 살펴볼 수 있다.

현재 우리가 살아가고 있는 사회의 본질을 특징적인 한 낱말로 표현한다면 무엇이 가장 적합할까? 많은 후보가 있겠지만 그중에서 나는 '불신'을 꼽고 싶다. 물론 이에 동의하는 사람이 많지 않을 수도 있다. 하지만 적어도 '신뢰'와 '불신' 중에서 하나를 고르라고 한다면 절대다수가 '불신'을 선택할 것으로 생각한다. 페트병 에어컨 소동도 본질적으로는 불신에서 비롯된 것이다.

페트병 에어컨 소동의 발단은 어떤 사회적 기업의 사업을 소개한 외국 기사였다. 공영방송, 국내 최대 신문사 등을 포함하여 많은 국내 언론은 페트병 에어컨을 아무런 의심 없이 소개했다. 그런데 만약 이것이 국내 기업이나 누군가의 주장이었다면 이렇게 많은 언론에서 보도하지 않았을 것이다. 인터넷에 순식간에 퍼지지도 않았을 것이다. 평범한 사람이 한눈에 봐도 만병통치약 수준의 허황한 내용이기 때문이다. 아마도 아예 기사를 실어주지 않거나, 혹시 한두 군데에서 실었더라도 곧바로 수많은 사람에게서 '찌라시'라는 비난을 받았을 것이다. 일이 커진 것은 순전히 이것이 물 건너온 소식이었기 때문이다. 외국 기사에 대한 무비판적 신뢰는 이런 종류의 국내 기사에 사람들이 그동안 하도 많이 속아서 생긴 불신에 기인한 것일 가능성이 크다. 정부나 기업, 학교, 연구소를 가리지 않고 터무니없는 과장으로 경제적 효과가 수십 조, 수백 조에 이른다는 정책이나 발명을 그동안 우리는 수도 없이 보아왔다. 장밋빛 미래를 발표하는 기관도, 보도하는 언론도, 보는 사람도 아무도 믿지 않는 불신의 사회에 외국 발 페트병 에어컨이 믿음직스러운 착한 발명품으로 받아들여졌다. 독재 시대에 외국 언론의 보도가 진리였듯이 말이다.

　이미 외국의 수만 가구가 혜택을 보고 있으니 방송국으로서는 별도의 과학적 설명이나 검증이 불필요했다. 게다가 이 불신의 사회에서 전문가의 견해는 귀에 걸면 귀걸이 식의 사후 논리를 제공하는 것 이외에 아무런 역할도 하지 못한다. 이는 암암리에 다양한 곳에서 부당한 압력이 있기 때문이기도 하지만 전문가 스스로 자초한 면도 있다. 평화의 댐이나 4대 강, 로봇 물고기, 가습기 세정제에 이르기까지 전문가들은 입을 다물고 있었거나 거수기 역할을 했을 뿐이다. 그러니 방송에서 각본에 맞춰 연기해줄 전문가를 찾는다고 하여 새삼 분개할 까닭이 없다. 페트병 에어컨 방송에서 마지막 순간에 양념으로 전문가의 목소리를 넣은 것도 합리적 제작 과정이었을 것이다. 전문가의 의견을 들어봐야 실질적 도움은 하나도 되지 않고 성가시기만 했던 경험이 쌓여 그렇게 방송 제작 관행이 굳어졌을지 모른다. 공식에 따라 겉으로 완성도가 높아 보이는 프로그램을 제작하면 될 뿐, 아무도 알아주지 않을 사소한 내용으로 일을 괜히 복잡하게 만들 필요가 없는 것이다. 전문가들이라고 해봐야 믿지 못할 집단 아닌가.

불신의 사회

사실 전문가에 대한 불신은 21세기 대한민국에 만연한

수많은 불신의 한 단면에 불과하다. 언론에 수시로 보도되는 각종 집단의 신뢰도 조사에서 권력 집단에 대한 국민의 신뢰도는 바닥 수준을 벗어나지 않는다. 예를 들어 하루가 멀다고 터지는 권력형 비리 사건을 보자. 아무리 사정기관이 투명하고 엄정한 수사를 강조해도, 그것이 사실은 겉치장에 불과하다는 것을 모르는 사람은 그리 많지 않다. 꼬리 자르기와 미운털 솎아내기는 헌법 위에 존재하는 불문율이다. 아무리 생각해봐도 뿌리까지 속 시원하게 다 밝혀졌다고 인정받는 의혹이 떠오르지 않는다. 언론은 형식적으로 얼마간 떠들다가 다른 사건이 터지면 슬그머니 외면하고 만다. 국민은 늘 그렇듯이 기꺼이 관심을 거둔다. 애초에 기대조차 하지 않는 것이다. 국가의 최고 통치자가 선거 때는 아무 말이나 해도 된다고 스스로 확인까지 해준 적이 있을 정도니 공적 시스템에 대한 불신이 하늘을 찌르는 것이 당연하다.

페트병 에어컨 소동에서 나타난 불신과 공적 시스템에 대한 불신은 별개의 것이 아니다. 이들만 유별나게 불신의 늪에 빠져 있는 것도 아니다. 모든 국민은 그들 수준에 맞는 정부를 가진다는 경구처럼 일상 곳곳에 불신이 배어 있다. 사실, 공적 시스템에 대한 불신은 사회에 만연한 굳건한 연고주의와 동전의 양면처럼 한 몸이다. 이 땅에 사는 '정상'적인 사람이라면 누구나 온갖 연고로 얽히고설킨 비공식적인 인맥이 있어야 한다는 것을 잘 안다. 일상생활의 아주 사소한 일에서부터 인생을 결정하는 일에 이르기까지 각각의 구역에서 힘깨나 쓰는 사람을 알고 있어야 적어도 억울한 일을 당하지 않는 것이다. 공식적으로 들어가는 비용 이외에 판공비와 접대비, 온갖 종류의 떡값과 뇌물에 이르기까지 '융통성'을 발휘하여 지하경제가 잘 돌아가도록 기름칠을 해야 할 일이 한둘이 아니다. 김영란 법의 합헌 결정에 대해 3만 원짜리 식사로는 고급 정보를 얻을 수 없다는 언론계의 당당한 항변은 이를 웅변으로 말해준다.

교육도 크게 다르지 않다. 과장 없는 학생의 자기소개서와 교사의 추천서, 급조하지 않은 연구나 봉사활동 실적이 얼마나 될까. 공정한 정성평가가 이루어지고 있다고 믿는 사람들은 얼마나 될까. 한쪽에서 아무리 숫자로 줄 세우기를 하지 말라고 목소리를 높여도 불신의 사회에서는 설득력에 한계가 있을 수밖에 없다. 공정성에 대한 불신으로 학부모는 때로 사적 인연을 동원하거나 학생의 분신이 되어 학생이 할 일을 대신 하기도 한다.

불신의 뿌리는 매우 깊고도 오래되었다. 일제강점기에 활

개 치던 자들이 해방 후에도 떵떵거릴 때, 누군가가 부당한 권력에 순응하지 않은 죄로 생사를 달리할 때, 기초가 튼튼하다던 나라 경제가 순식간에 부도 직전에 몰려 사람들이 영문도 모르고 길거리로 나앉게 되었을 때 체험으로 획득한 진리다. 학교에서는 절대로 가르쳐주지 않지만 부모가 자식에게, 스승이 제자에게, 선배가 후배에게 술잔을 건네며 전수하는 '삶의 지혜'다. 세월호와 가습기 세정제로 무고하게 희생된 미래 세대가 지금 가슴에 새기고 있을 금과옥조다. 오랜 세월을 거치며 단 한 번도 제대로 정리되지 않은 역사가 오늘날 뼛속까지 침투한 불신을 낳았다.

치유 방법이 있을까? 한 가지는 확실하다. 완치까지는 여러 세대가 걸려야 한다는 것. 편법을 동원하지 않고도 억울한 일을 당하지 않은 세대가 나오고, 그 세대가 그다음 세대에게 '삶의 지혜'를 더 이상 전수하지 않을 때, 권력에 대한 불신도, 무의미한 학생 줄 세우기도, 전문가에 대한 불신도, 제2의 페트병 에어컨 소동도 사라질 것이다.

14년 만의
수능 오류 발굴기

잘못은 바로잡아야 한다

14년 전의 수능 오류 발굴기

2018학년도 수학능력시험은 일주일 연기됐다. 사상 최초의 하루 전 수능 연기였다. 예정일 전날 포항에서 강력한 지진이 발생했기 때문이다. 지진은 땅속에 축적되어있던 탄성 에너지가 어느 한계를 넘었을 때 일시에 방출되며 지각 변동을 일으키는 현상이다. 때로는 지진에 의해 땅이 갈라져 영겁의 세월 동안 지하 깊숙이 묻혀있던 비밀이 발굴되기도 한다.

이 글은 14년 동안 불가사의하게 대한민국 국민 누구의 눈에도 띄지 않고 묻혀있던 수능 출제 오류 발굴기다. 최근에 나는 2004학년도 언어영역에서 다섯 문제가 딸린 비문학 지문이 완전히 틀린 것을 발견하였다. 이 오류의 사회적 파문은 가늠하기 어렵다. 심각한 사태로 비화할 수도 있고 아무런 주목도 받지 못한 채 잊힐 수도 있다. 이 오류는 그간 알려진 출제 오류들과 본질적으로 성격이 다르기 때문이다.

단순히 오류의 정도로만 보자면 그간 있었던 어떤 오류와 비교해도 이 오류가 더 심각하다. 1994학년도부터 24년간 치러진 수능에서 문제 오류는 모두 8건이 있었다. 대부분 오류가 없이 넘어갔거나 오류가 발견되더라도 모두 한 문제, 혹은 두 문제의 오류가 있었을 뿐이다. 그러나 이 건은 훨씬 심각하다. 무려 다섯 문제가 걸려있다.

이것은 완전히 새로운 종류의 오류다. 그간 수능 오류 시비는 특정 문항의 물음이나 보기, 혹은 정답에 대한 것이었다. 지문 내용 자체가 오류인 경우는 지금까지 한 번도 없었다. 여기에 공개하는 것은 언어영역의 비문학 지문 내용 자체에 대한 오류다. 내용이 통째로 틀렸고 이를 바탕으로 다섯 문제가 출제되었다.

수능에서 공식적으로 인정된 최초의 오류는 2004학년도 언어영역 한 문제였다. 여기서 공개하려는 오류도 2004학년도 언어영역이다. 요즘이야 심심찮게 수능에서 오류가 발견되기 때문에 어느 정도 익숙해졌지만, 그 당시에는 수능 오류란 상상하기 어려웠다. 만약 이 오류가 시험 직후 발견되었다면 이 무더기 오류 사태의 파장을 가늠하기 어렵다. 수능이 존폐의 갈림에 몰렸을지도 모른다. 어쩌면 그 이상의 정치적 문제를 야기했을 수도 있다.

다른 한편으로 이 오류는 14년 전의 일이다. 당시의 수험생은 이제 30대가 되었고 각자의 삶을 살고 있다. 그동안 아무도 몰랐고 아무 문제도 없었다. 지금 밝히는 것은 평지풍파를 일으키는 것이 아닐까? 억울한 누군가가 있다 해도 14년의 세월을 돌이킬 수 있을까? 아마도 이제는 누가 책임을 져야 하는지조차 불분명할 것이다. 사실상 아무 이해관계자도 없는 지금 시점에서는 이 오류를 공개해도 작은 해프닝으로 지나갈 가능성이 크다. 14년 세월의 무게는 무겁다.

이 상반된 예측을 뒤로하고 나는 이 수능 오류를 이 지면을 빌어 공개하기로 하였다.* 그 이유는 여러 가지다. 첫째, 나는 과학자다. 과학적으로 틀린 것은 틀렸다고 밝혀야 한다. 둘째, 오류가 있는 지문과 문제가 현재도 기출문제로 학습되고 있다. 오래되었다 하여 밝히지 않는다면 수험생들은 앞으로도 계속 틀린 문제를 공부할 것이다. 셋째, 수능 기출문제 중에 아직 발견되지 않은 이런 유형의 오류가 더 있을

*이 글은 계간《우리교육》2017년 겨울호에 수록되었다.

수 있다. 어쩌면 전수 조사가 필요할지도 모른다. 마지막으로 향후 이런 오류가 다시 발생할 수 있다. 이 오류는 수능 출제 시스템에 허점이 있었기 때문일 가능성이 높다. 혹시라도 이런 허점이 아직 남아있다면 반드시 개선해야 한다.

2004학년도 수능 언어영역 비문학 지문의 오류

2004학년도 수능 언어영역에는 물리학의 양자역학에 대한 지문이 있다. 43번에서 47번까지 다섯 문제가 이 지문을 읽고 푸는 문제다. 이 지문의 내용은 물리학적으로 이론의 여지가 없이 완전히 틀렸다. 사소한 오류가 아니라 핵심 내용 자체가 틀렸다. 지문이 길기 때문에 특히 문제가 되는 부분만 여기에 인용한다.

> (전략) 또한 양자 역학에 따르면 서로 다른 방향의 운동량도 연관되어있다. 예컨대 수평 방향 운동량과 수직 방향 운동량은 하나를 측정하면 다른 하나가 영향을 받는다. 그 결과 지구 입자의 수평 운동량을 측정하여 +1을 얻은 후 연이

어 수직 운동량을 측정하고 다시 수평 운동량을 측정하면, 이제는 +1만 나오는 것이 아니라 +1과 −1이 반반의 확률로 나온다. 두 번째 수직 방향 측정이 수평 운동량 값을 불확정적으로 만들어버린 것이다. 게다가 지구 입자는 금성 입자와 연결되어있으므로, 금성 입자의 수평 운동량을 측정하여 −1을 얻은 후 지구 입자의 수직 운동량을 측정하면, 그 순간 금성 입자의 수평 운동량 값 역시 불확실해진다. 그래서 수평 운동량을 다시 측정하면 −1과 +1이 반반의 확률로 나온다. 어떻게 지구에서 이루어진 측정이 엄청나게 멀리 떨어져있는 입자의 물리적 속성에 순간적으로 영향을 줄 수 있을까? 이 현상에 대해 고전 역학의 가정을 만족시키면서 인과적으로 설명하는 것은 불가능해 보인다. (후략)

여기에서 이 지문이 물리학적으로 왜 틀렸는지 장황하게 설명하는 것은 큰 의미가 없을 것이다. 다만 첫 문장부터 말이 되지 않는 내용의 연속일 뿐이라는 점만 지적하기로 한다. 어떻게 이런 틀린 글이 수능 지문으로 채택되었는지 정확히 알 길은 없지만, 대강 짐작할 수는 있다. 이 글은 출제자의 창작이 아니라 원래 있던 어떤 글을 수정한 것이 거의 확실하다. 위 지문에 나오는 모든 '운동량'이라는 용어가 원문에는 '스핀'으로 되어있었을 것이다. 그런데 '스핀'이라는 용어가 너무 이해하기 어렵다고 생각한 출제위원들이 '스핀'을 '운동량'으로 바꾸었을 것으로 보인다. 위 지문의 '운동량'을 모두 '스핀'으로 바꾸면, 여전히 약간의 문제는 남아있지만, 의미가 통하는 글이 된다.

양자역학에 대해 잘 모르는 사람들은 단순히 용어 한 개를 바꿨는데 무엇이 큰 문제냐고 반문할 수도 있다. 어떤 상황인지 쉽게 이해하기 위해 다음과 같이 수학의 곱셈에 대해 설명하는 글이 있다고 해보자.

> 어떤 수에 1을 곱하면 본래의 수가 나온다.
> 예를 들어 $2 \times 1 = 2$이다.

이 글에서 곱셈이 너무 어렵다고 생각하여 곱셈을 덧셈으로 바꾸면 다음 글이 된다.

> 어떤 수에 1을 더하면 본래의 수가 나온다.
> 예를 들어 $2 + 1 = 2$이다.

이 글을 지문으로 하여 문제를 낸다면 그 문제가 유효할까? 수능 문제가 정확히 이렇다.

평가원이나 수능 출제자는 다음과 같이 변명할 수 있다. 언어영역은 글 내용의 옳고 그름 자체는 중요하지 않고 지문 독해 능력과 추론 능력이 중요하다고 말이다. 지문을 주어진 사실로 받아들였을 때 그를 바탕으로 문제의 정답을 찾으면 되니 문제의 오류는 없다고 말이다. 불행히도 이것은 사실이 아니다. 예를 들어 문제 45번은 임의로 '구슬의 온도와 소리라는 두 물리적 속성은 위 글에 소개된 양자적 특징을 갖는다.'는 가정에 따라 문제를 풀도록 한다. 하지만 이런 가정만으로는 출제자가 원하는 정답이 나오지 않는다. 특정 계의 실험 결과는 '물리적 속성의 양자적 특징' 이외에도 그 계가 처음에 어떤 상태였는지에 따라 달라지기 때문이다. 이는 물리학 교과서의 맨 처음에 나오는 기초 사실이다. 이 문제는 모든 보기가 정답이 될 수 있다. 또한 문제 46번은 '위 글을 읽고 보인 반응으로 적절하지 않은 것은?' 하고 묻고 있는데, 올바른 물리학 지식을 가지고 있는 사람에게는 보기 다섯 개가 모두 적절하지 않다. 적절한 유일한 반응은 "누군가가 틀린 글을 썼군."일 것이다. 물론 출제자의 의도를 고려하여 지문의 내용만을 바탕으로 답을 골라야 한다고 하겠지만 이쯤 되면 수능 문제로 결격인 것이 분명하다.

45. 〈보기 1〉의 A와 B에 들어갈 수 있는 말을 〈보기 2〉에서 <u>모두</u> 고르면?

〈보기 1〉	〈보기 2〉
양자 구슬 한 쌍을 생각하자. 이 두 구슬은 뜨겁거나 차갑고, '딩' 소리나 '댕' 소리가 난다. 구슬의 온도와 소리라는 두 물리적 속성은 위 글에서 소개된 양자적 특징을 갖는다. 이제 구슬 하나는 내가 가지고, 다른 구슬은 친구에게 주어 멀리 보냈다고 하자. 내가 구슬을 두드려 보니 '딩' 소리가 났다. 그런 후 내 구슬을 만져보니 뜨거웠다. 그리고 구슬을 다시 두드려 보니 (A) 소리가 났다. 그 순간 멀리 있는 친구가 구슬을 두드린다면 (B) 소리가 날 것이다.	A B ㄱ. '딩' '딩' ㄴ. '딩' '댕' ㄷ. '댕' '딩' ㄹ. '댕' '댕'

① ㄱ, ㄴ ② ㄱ, ㄹ ③ ㄴ, ㄷ ④ ㄴ, ㄹ ⑤ ㄷ, ㄹ

두 가지 문제점

이 사태는 일차적으로는 물리학에 무지한 사람들이 원문을 멋대로 훼손했기 때문에 일어났다. 도대체 출제자들은 어떻게 이렇게 어처구니없이 원문을 훼손했을까. 이런 수준의 과감한 원문 수정은 글의 내용을 완벽히 이해하고 있다는 확신이 있을 때만 가능하다. 물론 출제자 개개인은 인간이므로 때로는 방심하거나 착각할 수 있다. 그러나 그런 인간적 허점을 보완하기 위해 복수의 출제위원이 있고 문제검토 절차가 있다. 이 검증 시스템이 전혀 작동하지 않은 것이 참으로 놀랍다.

물리학적으로 이 지문은 전혀 어려운 내용이 아니다. 물리학과 학부 3학년 학생이라면 누구나 배우는 표준적인 것이다. 만약 이 지문을 물리학자에게 검토하도록 했다면 즉시 오류를 지적했을 것이다. 물리학 지문을 왜 물리학자에게 보이지 않았을까? 수능 출제에도 영역마다 보이지 않는 장벽이 있기 때문일까? 언어영역은 아무리 지문이 특정 전공 분야의 내용이라도 해당 전문가에게 검토를 맡기지 않는 것일까?

만에 하나 이 지문이 전문가 검토까지 끝마친 결과물이었다면 상황은 더 심각하다. 이는 당시 검토를 담당한 전문가들이 실제로는 전혀 검토하지 않았거나 할 능력이 없었다는 것을 의미한다. 출제와 검토에 적합하지 않은 인력이 적당히 자리만 채우고 있다가 시스템이 무력화된 것이다.

더욱 심각한 문제점은 이 단순한 오류가 무려 14년 동안 전혀 거론조차 되지 않았다는 사실이다. 대한민국에서 수능은 절대 권위를 가지고 있다. 모든 공교육과 사교육 교사들은 기출문제를 분석하고 학생들에게 가르친다. 수능이 끝나기가 무섭게 학원별로 문제 분석에 착수한다. 누가 얼마나 빠르고 정확하게 문제를 해설하는가를 놓고 자존심 경쟁이 벌어지기도 한다. 그런데 14년 동안 그 수많은 언어영역 교사 중 단 한 명도 지문을 이해하기 위한 배경지식이 없었다. 놀랍지 않은가. 화려한 경력을 자랑하며 날고 긴다는 그 유명 교사들은 정말 문제풀이 요령만 가르치는 것일까? 물리 교사는 또 어떤가. 그동안 이런 수능 문제가 출제된 적이 있다는 것을 아무도 모르고 있었을까? 누군가는 호기심에 수능 문제를 훑어보다가, 누군가는 국어 교사가 물어 와서, 또 누군가는 학생의 질문으로 알고 있었을 것이다. 이들 중 아무도 문제제기를 하지 않았다는 것은 이들

중 아무도 학부 수준의 양자역학조차 제대로 모르고 있었다는 뜻일까? 그럴 리가 없을 것이다. 나는 도무지 현실 세계에서 어떻게 이런 일이 가능한지 상상할 수 없다.

어떻게 바로잡을까

이 오류를 알게 된 것은 바로 얼마 전이었다. 나는 K-MOOC 사이트에서 '현대물리학과 인간사고의 변혁'이라는 교양과목을 강의하고 있다. 이 과목 게시판에 어떤 일반인 수강생이 수능 기출문제 지문인데 내용에 이해가 안 되는 부분이 있으니 설명해달라는 글을 올렸다. 바로 문제의 지문이었다. 그 수강생의 질문은 지문의 다른 내용에 대한 것이어서 쉽게 답변해줄 수 있었지만 나는 앞에서 설명한 오류를 곧바로 찾아냈다. 그 글이 수능 지문이라는 것을 믿을 수 없었다. 처음에는 어디선가 엉터리 글을 가져온 것이 분명하다고 생각했다. 출처가 궁금하여 인터넷을 검색했는데, 놀랍게도 그 글이 정말 수능 지문으로 소개되어있었다. 심지어 어떤 곳에서는 수능의 권위에 힘입어 양자역학을 설명하는 좋은 글로 포장되어있었다. 마침내 한국교육과정평가원 홈페이지에서 문제지를 받아 그 지문을 확인하는 순간, 나는 악몽을 꾸고 있다고 생각했다.

그때만 해도 나는 차마 수능의 절대 권위를 바로 무시할 수 없었다. 14년 동안 묻혀있던 수능 오류라니 너무 비현실적이지 않은가. 명색이 물리학자인 내가 양자역학의 기초도 모르는 것이 아닌지 의심스러워졌다. 혼자 판단하기가 두려워져 페이스북에 글을 올리고 동료 물리학자들에게 의견을 물었다. 모두 어떻게 이런 일이 있을 수 있는지 기가 막힌다는 반응이었다. 나는 일단 안도했다. '내가 아직 바보는 아니구나.' 하지만 내가 바보가 아니라면 수능은 어찌 되나? 수많은 강사의 수능 문제풀이는? 다른 비문학 지문들의 실태는? 그리고 14년 전 수험생들의 꼬여버린 인생은?

그냥 덮으면 아무 일 없이 지나가겠지만 물리학자로서, 그리고 교육자로서 그럴 수는 없었다. 우선 어떻게든 이 문제가 더 이상 수능 기출문제로 학습되는 것은 막아야 했다. 수능의 권위를 빌어 양자역학이 잘못 알려지는 것도 막아야 했다. 평가원에 알리고 싶어 홈페이지에 가보았다. 문제에 대한 이의신청은 매년 수능 후 이의신청 기간에만 받는다고 한다. 지난 연도 문제에 대한 이의신청은 아예 받지 않으니 이해해달라는 친절한 안내가 있었다. 게시판에 글을 올려도 심사대상이 되지 않으며 심사할 수도 없다고 한다.

나는 수능이 구체적으로 어떤 과정으로 출제되는지 잘 모른다. 주변의 교수들에게 문의도 해보았지만 어디에서 문제가 발생했을지 알기 어려웠다. 어쩌면 지금은 14년 전과 달리 이런 오류가 발생할 여지가 없도록 출제나 검토 시스템이 잘 작동하고 있는지도 모른다. 하지만 한 가지 분명한 것은 지금도 한국교육과정평가원의 홈페이지에는 오류 있는 문제가 그대로 노출되어있고 수많은 학생이 이를 금과옥조처럼 공부하고 있다는 사실이다. 평가원의 어느 부서에선가는 이런 오류도 검토하고 정정하는 일을 해야 한다.

어쩌면 이런 지문 자체의 오류는 내가 발견한 것이 전부가 아닐지도 모른다. 이런 단순 오류가 14년간이나 묻혀있었다면 다른 분야라고 하여 크게 다를 것 같지 않다. 평가원이든 다른 어디든 지금이라도 분야별로 전문가가 체계적으로 지문을 점검해야 할 것이다. 원문이 문제가 아니라 원문의 수정 과정이 문제이기 때문이다. 또한 비문학 문제를 출제할 때에는 반드시 진짜 전문가의 꼼꼼한 검증을 받아야 한다. 형식상의 참여나 검토로 끝나서는 안 된다. 전문 분야의 글은 배경지식과 무관하게 겉으로 드러난 단순 논리 구조만으로 치환될 수 없다.

마지막으로, 아무리 좋은 글이라도 마구 수능에 끌고 들어와서는 안 된다. 14년간 대한민국의 해당 과목 교사 누구도 이해하지 못하는 글을 수험생들에게 지문으로 던져주고 몇 분 사이에 이해하라고 강요할 수는 없는 것이다. 이 새로운 오류 사건은 한국 교육의 문제가 어디에 있는지 웅변으로 말해준다.

암흑물질과 여성,
그리고 비선실세

보이지 않는 힘의 작동

2016년 크리스마스의 부고와 노벨상의 여성 차별

2016년 12월 25일 크리스마스에 미국의 천문학자인 베라 쿠퍼 루빈Vera Cooper Rubin 교수가 별세했다. 루빈은 우리 우주에 암흑물질이 존재한다는 증거를 찾아내 과학사에 지워지지 않을 발자취를 남겼다. 유명 과학자를 가르는 기준으로 흔히 노벨상 수상 여부가 거론되는데 루빈은 노벨상을 받지 못했다. 이에 대해 아쉬워하는 과학자가 많다. 당연히 노벨 물리학상을 받았어야 하는데 노벨상 위원회에서 잘못 판단했다는 것이다.

이렇게 생각하는 대표적 학자가 리사 랜들Lisa Randall이다. 랜들은 입자 물리학 및 우주론에서 큰 업적을 남겨 여성 이론물리학자로는 처음으로 하버드대 물리학과 종신 교수가

암흑물질의 존재 증거를 찾아낸 베라 루빈 교수.

된 분이다. 그는 2017년 1월 4일 자《뉴욕 타임스》에 '베라 루빈이 노벨상을 받았어야 하는 이유Why Vera Rubin Deserved a Nobel'라는 제목으로 장문의 글을 실었다. 사실 루빈의 업적이 과연 노벨상 수상감인가에 대해서는 여러 의견이 있다. 그러나 랜들은 이런 반대 주장에 대해 여러 논거를 들어 반박하고 루빈이 수상하지 못한 것은 여성 차별 때문일 것이라고 주장하였다.

노벨상의 여성 차별은 심심찮게 거론되는 주제다. 물리학 분야만 해도 지금까지 2017년까지 111년간 206명의 수상자가 있었지만, 그중 여성 수상자는 단 두 명에 불과하다. 물론 수상했어야 마땅하다고 평가받는 여성 물리학자는 이보다 훨씬 많다. 루빈이 정말 여성 차별 때문에 노벨상을 받지 못했다고 단정할 수는 없지만, 앞으로 그런 학자의 한 명으로 거론될 것은 확실하다.

루빈이 발견한 암흑물질의 증거

우리는 초등학교 때부터 세상 만물이 원자로 되어있다고 배운다. 하지만 루빈을 비롯하여 여러 학자가 지난 수십 년간 연구한 결과 이는 사실이 아니라는 것이 밝혀졌다. 우주의 구성 성분은 우리가 아는 것보다 모르는 것이 훨씬 많다.

우주에서 우리가 정체를 아는 부분은 5%에 불과하다. 76억 명의 인간을 비롯하여 지구에서 접할 수 있는 모든 생물과 무생물, 태양, 달, 그리고 수성, 금성 등의 모든 행성은 이 5%에 속한다. 태양을 포함하여 우리 은하에 있는 2000억 개의 별도 역시 이 5%에 속한다. 우주에서 우리가 관측할 수 있는 범위에는 은하가 1조 개 정도 있는데 이런 관측 가능한 은하들 모두 우리가 정체를 아는 5%에 속한다. 정체를 모르는 95%는 다시 두 종류로 구분되는데 27%가 물질이고 68%가 에너지라는 것만 밝혀져 있다. 이들을 각각 암흑물질, 암흑에너지라고 한다. 검은색이어서가 아니라 정체를 전혀 모른다는 의미에서 '암흑'으로 이름을 붙인 것이다. 루빈은 1970년대에 은하의 회전에 대해 연구하는 과정에서 바로 이 암흑물질이 존재한다는 강력한 증거를 처음으로 밝혀냈다.

암흑물질은 어디에 있을까? 태양계 너머, 혹은 우리 은하를 지나 빛으로도 수백만 년 넘게 걸리는 까마득히 먼 곳 어딘가에 있을까? 그렇지 않다. 암흑물질은 우주 어디에나

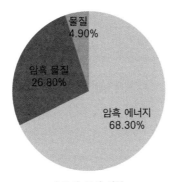

우주의 구성 성분

있을 수 있다. 우리가 사는 바로 이곳에도 있다. 다만 감지
하지 못할 뿐이다.

어디에나 있지만 우리가 잘 느끼지 못하는 물질로 공기를
떠올릴 수 있다. 그런데, 암흑물질은 공기 따위와는 비교도
할 수 없을 정도로 훨씬 이상한 물질이다. 공기는 다른 물질
이 없는 공간에는 있을 수 있지만 일단 어떤 물질, 예를 들
면 사람의 몸이 어떤 특정 공간을 점유하고 있으면 그 공간
에는 공기가 있을 수 없다. 사람 몸이 자리를 차지하기 때문
이다. 그러나 암흑물질은 바로 우리 옆에도 있고 심지어는
우리 몸과 같은 공간을 동시에 점유하고 있기도 하다. 지금
이 순간에도 개개인의 몸은 수십만 개의 암흑물질과 같은
공간을 점유하고 있다. 우리가 손을 움직이면 우리 손은 암

흑물질을 그냥 통과해 지나갈 뿐이다. 이런 점에서 암흑물질을 '투명 물질'이라고 하면 좀 더 의미가 살아날 수도 있겠다. 암흑물질은 깊은 땅속에도 있고 깊은 바닷속에도 있다. 실제로 세계 여러 곳에서 암흑물질을 찾으려는 실험을 하고 있는데 많은 실험실이 지하 깊은 곳에 있다. 미약하기 그지없는 암흑물질의 신호를 찾기 위해 외부의 영향을 최소한으로 줄여야 하기 때문이다. 우리나라에서도 KIMS Korean Invisible Mass Search라는 이름으로 1999년부터 암흑물질을 탐색하고 있는데 실험실이 강원도 양양의 양수발전소 지하 700m에 있다. 이 깊은 땅속에도 암흑물질이 있다.

암흑물질은 우주 어디에나 있고 보통 물질의 다섯 배가 넘게 있지만 아직 직접 검출하지는 못하고 있다. 암흑물질이 보통 물질과 거의 반응하지 않기 때문이다. 우리가 어떤 물질이 있다는 것을 알려면 어떤 식으로든 인간이 가지고 있는 감각 기관과 상호작용을 해야 한다. 예를 들어 소리가 너무 높아 인간이 듣지 못하는 초음파는 보통 상황에서는 없는 것과 마찬가지다. 그러나 개는 초음파를 들을 수 있으므로 개가 옆에 있다면 개의 반응을 보고 초음파가 있다는 것을 알 수 있을 것이다. 병원에서 찍는 X선도 마찬가지다. X선이 몸을 투과해도 우리는 전혀 알아차릴 수 없다. 하지만 나중에 인화된 사진을 보면 X선이 있었음을 알 수 있다. 암흑물질은 초음파나 X선 같은 것의 극단적인 사례다. 초음파와 X선 모두 사람의 감각 기관과 직접 상호작용하지 않지만, 개나 사진 건판 등 이들을 검출하는 물질을 손쉽게 찾을 수 있다. 이에 비해 암흑물질은 우리 주변의 그 어떤 보통 물질과도 거의 상호작용을 하지 않는다.

그렇다면 도대체 루빈은 어떻게 암흑물질이 존재해야만 한다는 사실을 밝혀냈을까? 암흑물질이 보통 물질과 상호작용을 하는 확실한 방법이 딱 한 가지 있다. 바로 중력이다. 뉴턴의 그 유명한 중력 법칙, 즉 만유인력의 법칙은 암흑물질의 경우도 예외가 아니다. 암흑물질도 '물질'이므로 다른 물질과 서로 잡아당겨야 하는 것이다. 중력에 의해 보통 물질이 뭉쳐 거대한 지구가 되고 태양이 되는 것처럼, 암흑물질과 암흑물질, 암흑물질과 보통 물질도 서로서로 잡아당겨 한데 뭉치려는 경향이 있다. 또한, 태양이 지구를 잡아당겨 지구가 똑바로 움직이지 못하고 태양 주위를 도는 것처럼, 암흑물질이 있으면 없을 때와 비교해 태양이나 지구 등 보통 물질의 움직임이 영향을 받는다.

지구에서 멀리 떨어져 있는 어떤 은하를 정밀하게 관측해보면 그 은하는 회전하고 있다는 것을 알 수 있다. 이러한 회전은 당연하다. 태양의 중력 때문에 지구가 가만히 멈춰 있지 못하고 태양 주위를 도는 것처럼 은하도 바깥 부분의 별들이 중심부에 대해 회전하는 것이다. 은하를 관측해보면 중심부에 대부분의 질량이 몰려있는 것으로 나타난다. 그러면 뉴턴의 법칙에 의해 은하 중심에서 멀리 떨어진 별일수록 회전 속도가 줄어들어야 한다. 멀어질수록 중력이 약해지기 때문이다. 태양계에서 수성의 회전속도가 가장 빠르고 태양에서 멀어질수록 회전속도가 느려지는 것과 같은 이유다. 그런데 루빈이 실제로 관측한 결과는 매우 달랐다. 그림에서 보듯이 회전속도가 거리에 따라 줄어들지 않고 어느 일정한 값을 유지하는 결과가 나온 것이다. 이러한 모양은

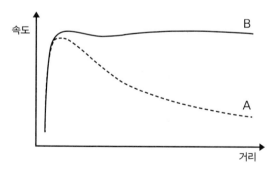

일반적인 나선 은하의 속도분포.
A:암흑물질이 없을 때의 이론값 B:실제 관측값. CC BY-SA 3.0
(저자: PhilHibbs)

은하 외곽에 관측으로 찾아낼 수 없는 물질이 매우 많이 있어야 가능하다.

　루빈의 발견 이후 지난 40여 년 동안 암흑물질에 대한 다른 증거도 많이 축적되었다. 그 결과 위에서 설명한 바와 같이 현재 우리 우주에는 보통 물질의 다섯 배가 넘는 암흑물질이 우주 전역에 존재한다는 것이 정설이 되었다. 물론 우주 모든 곳에 균일하게 분포하는 것은 아니다. 중력 때문에 은하 및 그 부근에 더 밀도가 높게 덩어리를 이루고 있다. 지구가 속한 우리 은하도 예외가 아니다. 우리가 감지하지 못해도 바로 이 순간 암흑물질은 우리와 같은 공간을 점유하고 있다.

암흑물질과 공룡의 멸종

　루빈에 대해 글을 쓴 리사 랜들은 최근 암흑물질에 대해 매우 흥미로운 가설을 제안했다. 6600만 년 전에 지구에서 멸종된 공룡이 암흑물질 때문이었을지도 모른다는 것이다. 공룡의 멸종은 인류의 탄생과도 밀접한 관련이 있다. 공룡 멸종 이후 포유류의 시대가 도래했고 그로부터 인간이 진화했다. 랜들의 가설이 맞는다면 인간의 출현도 암흑물질의 영향이다. 그런데 있는지 없는지조차 불분명하여 아직 지구에서 검출된 적도 없는 암흑물질이 도대체 어떻게 그 옛날 지구상의 공룡을 멸종시킬 수 있을까?

공룡 멸종 가설은 여러 가지가 있지만 정설은 소행성 충돌의 충격 때문이라는 것이다. 6600만 년 전 멕시코 유카탄반도에는 10~15km 정도 크기의 소행성이 충돌하여 지름이 180km에 달하는 충돌구를 만들었다. 이 충격으로 바다에서는 100m 높이의 해일이 일어나고 대규모의 충격파가 발생했다. 또한 지구 전역에 산성비가 내리고 대량으로 발생한 먼지가 대기권에 머물면서 기후를 변화시켜 짧은 시간에 지구에 존재하는 생물체의 4분의 3이 멸종되었다고 한다. 이 소행성 충돌 가설을 받아들인다면 이제 질문을 이렇게 바꿔볼 수 있다. 6600만 년 전에 소행성이 왜 지구에 충돌했는가?

사실 소행성은 6600만 년 전 한 번만 충돌한 것이 아니다. 지구의 충돌 흔적을 조사한 결과 대략 3000만 년 간격으로 지구에 운석이 충돌하는 것으로 보인다고 한다. 랜들은 이러한 3000만 년의 간격이 우연이 아니라 암흑물질 때문이라고 주장한다. 태양은 원반 모양의 우리 은하를 2억

4000만 년에 한 번꼴로 도는데 이때 그냥 돌지 않고 원반 평면에 대해 위아래로 약간 진동하면서 돈다는 것이다. 이때 원반 평면을 대략 3000만 년 간격으로 통과하고 이것이 운석 충돌 주기와 일치한다고 랜들은 주장한다. 이렇게 위아래로 진동하는 것은 원반 평면에 모종의 암흑물질이 있으면 가능하다고 한다. 암흑물질에 의한 중력이 태양을 위아래로 진동시키는 것이다. 이 과정에서 태양계 바깥 부근에서 명왕성보다도 멀리 떨어져 태양 주위를 도는 수많은 소행성이 궤도를 이탈한다. 그중 일부가 지구 궤도로 향하고 결국 지구와 충돌한다는 것이다.

랜들의 이러한 가설이 사실인지는 아직 아무도 모른다. 그러나 가까운 미래에 과학적으로 충분히 검증할 수 있는 좋은 가설인 것은 분명하다. 그리고 이 가설이 사실로 밝혀지든 아니든, 실생활에 쓸모가 있든 없든, 이러한 연구가 삶을 풍요롭게 하고 인류의 지적 수준을 한 단계 끌어올릴 가치 있는 연구라는 것에 많은 사람이 동의할 것이다. 실체가 불분명해 만화책에나 나올 법한 암흑물질이 사실은 항상 인간과 같이 있었고, 인간의 기원을 설명해줄 핵심 단서일 수도 있다니 우주의 신비는 참으로 놀랍다.

대한민국에 존재하는 암흑물질들

2016년은 대한민국 역사에 특별한 해로 기억될 것이 분명하다. 우리 사회에 숨어있던 거대한 그 무엇이 마침내 부정할 수 없는 확실성을 가지고 모습을 드러냈다. 소위 비선 실세의 국정농단이 밝혀지는 것을 보며 나는 마치 우주에서 암흑물질의 존재가 드러나는 듯한 느낌을 받았다.

암흑물질이 우주 어디에나 있듯이 비선 실세의 영향력도 대한민국 어디에나 있었다. 암흑물질은 보이지 않고 보통 물질만 보인다. 마찬가지로 비선 실세의 국정 장악은 보이지 않고 대통령 이하 공식 행정부의 국정 운영만 보인다. 하지만 암흑물질이 보통 물질보다 훨씬 많듯이 비선 실세의 영향력이 더 컸다. 암흑물질이 존재한다는 강력한 정황증거는 매우 많다. 비선 실세의 존재도 이미 박근혜 정권 초기부터 여러 비정상적인 사건을 통해 사람들의 입에 널리 오르내린 바 있다.

차이도 있다. 비선 실세의 국정 농단은 무수히 많은 직접적 증거가 발견되었다. 반면에 암흑물질은 중력에 의한 간접적 영향 외에 아직 암흑물질 그 자체가 직접 발견되진 않았다. 앞에서 설명했듯이 지금 이 순간에도 우리나라를 포함하여 세계 여러 곳에서 암흑물질 탐색 실험을 진행하고 있다. 보통 물질로 구성된 인간과 암흑물질은 거의 상호작용을 하지 않지만 같은 공간을 공유하고 있다. 그리고 현재 우주의 모습을 만드는 데 암흑물질은 많은 역할을 했다. 우주 초기에 암흑물질은 은하가 형성되는 씨앗 역할을 했다. 만약 암흑물질이 없었다면 은하도 지금과 같은 모습으로 자라나지 못했을 것이다. 지구도 생명체도 생겨나지 않았을지 모른다. 랜들의 가설이 맞는다면 공룡의 멸종도, 인류의 탄생도 없었을 것이다.

국민 또한 비선 실세와 거의 상호작용을 하지 않지만 같은 대한민국을 공유했다. 국민이 아무것도 모르는 사이에 비선 실세의 영향력은 국가 전체 시스템을 뒤틀어 놓았다. 40여 년 전 발아한 비선실세의 씨앗이 대한민국 곳곳에 암덩어리를 키워놓았다. 만약 그 비선 실세의 씨앗이 맹아 수준에서 청산되었다면 우리나라의 많은 문제점도 지금과 같이 심각해지지는 않았을 것이다. 암흑물질과 비선 실세의 차이가 있다면, 전자는 우주 진화와 인류 탄생에 기여했으나 후자는 국민 행복과 국가 발전을 가로막았다는 점일 것이다.

대한민국에 비선 실세와 같은 부정적인 암흑물질만 있는

것은 아니다. 우주의 암흑물질처럼 순기능을 하는 암흑물질이 훨씬 많다. 대한민국에 존재하는 수많은 서민. 이들은 언론 보도만 보아서는 존재를 알기 어렵다. 그러나 우주에서 암흑물질이 물질 대부분을 차지하는 것처럼, 언론을 빛내며 존재를 과시하는 기득권 세력보다 서민이 훨씬 많다. 이들이야말로 우주의 암흑물질처럼 진정으로 우리나라를 만들고 발전시켜온 존재들이다.

여성들도 어떤 의미에서는 암흑물질 취급을 받아왔다. 남성과 함께 존재해왔으나 긴 역사 내내 전면에 등장하지 못하고 숨어 지내야 했던 절반의 인류다. 편견을 배제하고 이성적으로 객관적인 사실만을 추구한다는 과학계에서도 여성의 존재는 오랫동안 거의 무시되어왔다. 현대에 접어들어 여성의 인권은 많이 신장되었으나 아직 갈 길이 멀다. 노벨상을 받지 못하고 별세한 베라 루빈이나 미국 대통령 선거에서 패배한 힐러리 클린턴의 경우가 단적으로 이를 보여주는 사례일지도 모른다. 유럽과 미국이 이럴진대 우리나라사정은 더 말할 나위가 없다. 그럼에도 불구하고 여성혐오를 둘러싼 논란이 우리 사회를 뜨겁게 달구면서 변화의 가능성을 보여주고 있다.

이를 계기로 암흑물질을 재발견하는 동력을 새로이 하

길 바란다. 우주의 암흑물질이 드디어 모습을 드러내 오랫동안 풀리지 않은 우주의 신비가 벗겨지기 바란다. 비선 실세의 국정농단을 햇볕 아래 낱낱이 밝혀 더 이상 같은 실수를 반복하지 않는 사회가 되기 바란다. 우리 사회를 지탱해 온 주역이면서도 갈수록 한계상황으로 내몰리고 있는 많은 서민이 정당한 가치를 인정받게 되기 바란다. 여성이 드디어 유리천장을 깨뜨리고 비상을 시작하기 바란다.

새로운 대한민국을 기대하며

인생의 거의 모든 것을 결정하는 대학입시

학교에서 물리는 환영받지 못하는 과목이다. 전국 공통으로 절대다수 물리 선생님의 별명은 지난 수십 년 동안 '재물포'(재 때문에 물리 포기했어)였다. 오늘날에도 이것이 바뀌었다는 얘기는 듣지 못했다. 수능에서도 물리는 과학 네 과목 중 가장 인기가 없다. 특히 물리II는 2015년 1.9%, 2016년 1.7%에 이어 2017년에는 1.2%의 학생만이 선택함으로써 매년 최저 선택 기록을 경신하고 있다. 99%의 고등학생에게 물리II는 존재하지 않는 과목인 것이다. 물리학과는 물론이고 대부분의 전공이 물리학의 응용이라 할 수 있는 공대 교수들은 대학 신입생 실력이 수준 이하라며 울상이다. 학생들은 또 그들대로 대학 강의를 따라가지 못해 쩔쩔

맨다.

　최고 수준의 학생이 모인다는 서울대 공대도 사정은 마찬가지다. 급기야 2019년부터는 물리II를 배우지 않고 입학한 서울대 공대 신입생 전원은 '물리의 기본'이라는 과목을 의무적으로 수강해야 한다는 극약 처방을 내렸다.

　학생들은 왜 물리를 선택하지 않을까? 물리학이라는 학문이 중요하지 않아서일까? 아니면 재미가 없어서일까? 그렇지 않을 것이다. 초등학교 저학년 어린이의 최고 희망은 과학자다. 과학자의 대표인 뉴턴과 아인슈타인은 모두 물리학자다. 우리나라 역대 대통령의 이름은 모를지라도 뉴턴의 사과나 아인슈타인의 얼굴을 모르는 어린이는 없을 것이다. 서점에 가면 우주, 블랙홀, 타임머신에서 최첨단 기술과 4차 산업혁명에 이르기까지 줄잡아 과학 교양서적의 절반이 물리 분야다. 남녀노소를 가리지 않고 이런 높은 인지도와 관심에도 불구하고 학교에서 물리는 왜 외면을 받을까? 그것은 오로지 입시에 도움이 되지 않는다는 한 가지 이유 때문이다.

　과학자가 되겠다는 어린이의 꿈은 중학교, 고등학교를 거치면서 '현실적으로' 변한다. 인생 목표가 대학 입시에 맞춰져 있기 때문이다. 공식적인 교육목적은 다른 것일지 몰라도 대부분 고등학교의 실질적 교육 방침은 대학 입시 준비다. 만사를 제쳐두고 일단 대학부터 들어간 뒤에 생각해보자는 사회적 압력 속에서 그 어떤 고상한 이유도 설득력이 약하다. 부모님으로부터, 선생님으로부터, 주변 친구로부터 지속해서 압력을 받으며 학생 각자의 개성은 사라지고 점차 사회가 요구하는 인간으로 깎여나간다.

물리II에 대한 99% 학생들의 외면은 결국 우리나라 교육의 근본 문제와 닿아있다. 이는 우리나라 교육의 근본 문제가 현행 입시 제도의 맹점을 통해 비정상적으로 증폭되어 나타나는 현상인 것이다. 입시 제도를 개선하면 아마 99%의 외면과 같은 극단적인 현상은 완화될 것이다. 그러나 애초에 이런 문제점을 가진 제도가 채택되고 오랫동안 운영된 자체가 그간 학교 교육에서 물리학이나 과학계의 발언권이 별로 높지 않았다는 것을 의미한다. 그러므로 전망도 그리 밝다고 할 순 없을 것이다.

그런데 물리를 안 배우고 대학에 입학한 학생들 때문에 교수의 강의가 힘들어지긴 했지만 그것이 학생들 책임은 아니다. 학생들은 어른들이 만들어놓은 틀 안에서 어른들이 강요한 방식에 따라 입시를 준비하고 대학에 왔을 뿐이다. 그 어른들에는 물론 교수도 포함된다. 그러므로 교수들이 강의가 힘들다고 푸념한다면 그것은 일정 부분 자기 자신에 대한 비판일 수밖에 없다.

더 미묘한 문제가 있다. 학생들의 준비가 과거보다 덜 되어있는 것은 사실이다. 물리의 '물'자도 듣지 않은 현재의 신입생과 대학 입시를 준비하며 3년 동안 적어도 수천 개의 물리 문제를 풀었을 과거의 신입생을 비교하면 단연 과거의 신입생이 습득한 물리 지식이 많다. 그러나 지식이 많은 것이 과연 좋기만 한 것일까? 시험 성적을 올리기 위한 단순 암기 지식이 조금 많다고 하여 대학 교육에 본질적인 도움이 될지 의문이다. 오히려 교수가 학생들의 눈높이에 맞춰 노력한다면 학기 초 얼마간은 힘들겠지만 시간이 지날수록 학생들이 더 잘 따라올 가능성도 있다.

단순 지식보다 더 중요한 것은 학생들의 의욕과 지적 호기심이다. 학생들이 배우고자 하는 의욕만 있다면 대학에서 고등학교 과정을 벌충하는 데 걸리는 시간은 한 달이면 족하다. 그러나 OECD의 학업성취도PISA 결과에서 잘 알려져 있듯이 우리나라 학생들은 학업성취도 자체는 최고 수준이지만 과학에 대한 학습 동기나 흥미 등 정서적 특성이 평균 이하다. 나는 이런 자발적 동기 부족이 단순한 지식 부족보다 더 큰 문제라고 생각한다. 강의 시간에 아무런 의욕도 없이 멍한 상태로 앉아 있다가 나가는 적지 않은 대학 1학년 학생들을 보고 있으면 참으로 미안함을 금할 수 없다.

이런 현실이 단시일에 개선될 가망은 없다. 대학 입시가 인생의 거의 모든 것을 결정한다는 사회 저변의 믿음이 변할 기미가 보이지 않기 때문이다. 이 믿음은 지난 수십 년 동안 축적된 경험에 굳건한 바탕을 두고 있다. 많은 사람이 이런저런 교육제도의 변화를 통해 교육 현실을 개선해보고자 노력한다. 그러나 거기에는 한계가 있을 수밖에 없다. 우리 사회의 근본적인 시스템이 바뀌고 사람들의 생각이 바뀌어야만 하는 것이다. 이는 물리학에서 말하는 '상전이'가 일어날 때만 가능하다.

원자와 전자기력의 물리학

물리학이 알아낸 가장 중요하고도 기초적인 사실은 우리 주변의 세상 만물이 모두 원자로 되어있다는 것이다. 세상에는 100여 종의 원자가 있는데 이들이 이합집산하여 온갖 물질을 만들어낸다. 어떻게 이런 일이 가능할까?

우선 원자는 매우 작다. 크기가 대략 머리카락 굵기의

100만분의 1 정도에 불과하다. 사람 몸도 다른 사물과 마찬가지로 원자로 구성되어있는데 원자가 매우 작으므로 엄청나게 많은 수의 원자가 필요하다. 계산해보면 사람 몸은 대략 10^{28}(억의 억의 조)개 정도에 달하는 원자로 이루어져 있다. 또한 원자들은 비록 100여 종에 불과하지만 같은 종류의 원자라 해도 다른 원자들과 어떤 식으로 연결되어 관계를 맺고 있는지에 따라 다른 물질이 된다. 비유하자면, 벽돌을 어떻게 쌓느냐에 따라 가정집이 되기도 하고 높은 빌딩이 되기도 하는 것이다.

원래 원자는 가장 근본적인 물질을 뜻했지만 이것은 더이상 사실이 아니다. 20세기에 접어들어 원자의 가운데에는 작은 원자핵이 있고 주위에 전자가 돌고 있다는 사실이 밝혀졌다. 지구가 태양 주위를 도는 것이 태양과 지구 사이의 중력 때문이듯, 전자가 원자핵 주위를 도는 것도 원자핵과 전자 사이에 서로 잡아당기는 어떤 힘이 있어야만 가능하다. 그 힘을 전기력이라고 부른다. 여기서 '전기'는 우리가 일상에서 늘 사용하는 바로 그 '전기'다.

전기력은 전하라고 하는 특별한 성질을 가지고 있는 물체 사이에서만 작용한다. 사람이 남녀가 있듯이 전하에도 양(+)전하와 음(-)전하가 있어서 서로 다른 부호의 전하끼리는

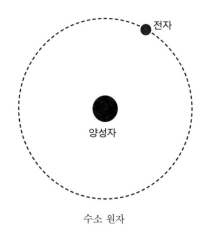

전자

양성자

수소 원자

잡아당기고 같은 부호의 전하끼리는 밀어낸다. 원자의 경우에는 원자핵이 양전하, 전자가 음전하여서 서로 잡아당기는 것이다. 자석들이 밀고 당길 때 작용하는 힘은 자기력이라고 한다. 전기력과 자기력은 본질적으로 같은 힘이어서 두 힘을 한꺼번에 전자기력이라고 부른다.

원자핵의 양전하와 전자의 음전하는 크기가 정확히 같고 부호만 반대다. 원자 하나의 수준에서 보면 전체적으로 중성인 셈이다. +와 -가 서로 상쇄되기 때문이다. 원자의 이런 독특한 내부 구조 때문에 밀고 당기는 전자기력 하나만으로 세상 만물이 만들어진다. 가장 간단한 원자인 수소 원자

두 개를 생각해보자. 수소 원자는 원자핵이 양성자 한 개로 되어있고 그 주위를 한 개의 전자가 돌고 있다. 두 수소 원자가 멀리 떨어져 있으면 서로를 전하가 없는 중성으로 보게 되므로 전기력이 작용하지 않는다. 그런데 거리가 가까워지면 원자핵과 전자가 구분되어 보이기 시작한다. 마치 점묘파 화가의 그림을 멀리서 보면 색이 잘 혼합된 자연스러운 그림으로 보이지만 가까이 다가가서 보면 서로 다른 색의 점들이 구분되어 보이는 것과 같다. 이 효과를 이론적으로 정교하게 계산해보면 어느 정도 떨어진 두 수소 원자는 약하게나마 잡아당긴다는 결론이 나온다. 그런데 너무 가까워지면 오히려 서로 미는 효과가 커져서 더 이상 가까워지지 못하고 일정하게 떨어진 거리를 유지한다. 이것이 두 수소 원자가 뭉쳐 만드는 수소 분자(H_2)다.

마찬가지 원리로 원자가 많이 모여 있으면 약하게나마 전자기력을 주고받으며 덩어리를 형성하게 된다. 예를 들어 10^{28}개의 원자 덩어리인 사람 몸도 이렇게 전자기력에 의해 모여 있는 것이다. 원자로 이루어진 모든 것, 즉 우리가 주변에서 보는 모든 것이 이렇게 전자기력이 관여한 것이다. 아주 사소한 현상 하나도 모두 전자기력 때문이다. 물이 존재하는 것도, 바위나 구름이 있는 것도, 생명체가 존재하는 것도, 꽃이 피는 것도, 우리가 음식에서 에너지를 얻어 살아가는 것도 궁극적으로는 모두 전자기력 때문이다.

상전이의 물리학

물은 온도나 압력의 변화에 따라 액체인 보통의 물이 되기도 하고 얼음이 되기도 하고 수증기가 되기도 한다. 이처럼 동일한 물질이라 해도 외부 조건에 따라 특성이 완전히 다른 모습이 될 수 있다. 이런 모습들을 물질의 '상'이라 하고 상이 바뀌는 것을 '상전이'라 한다. 상은 원자나 분자 몇 개가 모여 있을 때는 잘 정의되지 않고 매우 많은 원자가 모여 있을 때만 의미가 있다. 즉, 물 분자 한두 개로는 액체인지 고체인지 따지는 것 자체가 무의미하지만 우리가 볼 수 있는 정도로 물 분자가 많이 모여 있으면 액체거나 고체거나 기체인 것이다.

어떤 물질의 상은 온도나 압력 변화에 비례하여 달라지지 않는다. 예를 들어 물은 1기압 상온에서는 액체 상태로만 존재하고 온도를 서서히 올려도 계속 액체로 있다가 섭씨 100℃라는 특정한 온도가 되면 그제야 액체가 끓으며 수증기로 바뀌기 시작한다. 또한 섭씨 수백 도의 오븐 속에 넣어도 물이 수증기로 다 바뀌기 전인 물-수증기 혼합 상태일 때는 끓는 물의 자체 온도는 100℃를 그대로 유지한다. 마침내 모든 물이 수증기로 다 바뀌면 그때부터 자체 온도가 100℃를 넘어갈 수 있다.

일반적으로 상전이는 이처럼 특정한 조건에서만 일어나고 물질의 어느 한 부분만 바뀌는 것이 아니라 모든 부분이 전면적으로 바뀐다. 그리고 하나의 상은 넓은 온도와 압력 영역에서 안정적으로 유지된다. 예를 들어 섭씨 20℃에서 물에 소금을 조금 넣거나 숟가락으로 저어준다고 하여 수증기나 얼음으로 바뀌지는 않는다. 온도를 적어도 수십 도는 올리거나 낮추는 큰 변화를 일으키기 전에는 액체 상태의 물은 그대로 액체로 남아있다.

상전이가 일어나는 근본적인 원인은 물질의 구성 입자 사이에 작용하는 전자기력이다. 예를 들어 개개의 물 분자는 중성이므로 아주 가까이 있는 몇 개의 분자들 사이에서만 미약한 전자기력을 주고받을 뿐이다. 그럼에도 불구하고 물 전체의 상이 바뀔 수 있는 것은 이 작은 힘의 효과가 증폭되어 나타나기 때문이다. 이 원리는 물뿐만이 아니라 많은 다른 물질에도 그대로 적용된다. 그래서 온도와 압력에 따라 기체, 액체, 고체 상태의 세 가지 상이 존재하는 것은 많은 물질의 공통된 특성이다. 다만 해당 물질의 구체적인 구조에 따라 전자기력의 세기나 성질이 따르기 때문에 녹는점과 끓는점이 달라진다. 예를 들어 산소 분자는 섭씨 영하 219℃ 이하에서는 고체이고 섭씨 영하 183℃ 이상에서는 기체이며 그 사이는 액체다.

상전이와 완전히 새로운 대한민국

진화인류학자인 로빈 던바Robin Dunbar에 의하면 한 사람이 안정적으로 상호 관계를 유지할 수 있는 사람은 대략 150명 정도에 불과하다. 우리나라 인구가 5000만 명인 것과 비교하면 정말 작은 숫자다. 이는 뇌 인지 능력의 한계 때문이라고 한다. 그러나 이런 작은 상호작용이 모여 나라를 형성하고 나라마다 다른 특성, 즉 다른 '상'을 만들어낸다. 오랜 역사를 거치면서 지역마다 독특한 문화가 형성되고 그 문화는 다시 사람들 사이의 상호작용을 약간씩 변화시킨다. 우리나라가 해방 후 눈부신 발전을 한 것도, 온갖 뒤틀린 사회문제를 만들어낸 것도 바로 국민들 사이의 작은 상호작용이다. 이 상호작용의 결과로 우리나라가 처해 있는 상에서는 대학 입시가 인생의 많은 것을 결정한다.

물에 소금을 타서 약간의 짠맛을 내듯이, 입시 제도를 변경하면 물리II를 99%의 학생이 외면하는 것과 같은 일부 현상은 해소할 수 있을지 모른다. 그러나 입시가 개인의 일생을 좌우한다는 믿음은 바꾸지 못한다. 아이를 위해 그 어떤 희생도 치를 각오가 되어있는 부모 '물 분자'들이 150명의 다른 '물 분자'들과 정보를 교환하며 제도의 맹점을 찾고 경제적 지출을 감당할 것이기 때문이다. 그리고 그 결과는 다시 대학 입시에 대한 믿음을 강화할 것이기 때문이다.

오랫동안 학교 교육과 입시 제도는 크고 작은 변화를 겪어왔다. 때로는 개선되고 때로는 개악되었지만 나는 대체로 걱정이 앞섰다. 제도의 허점을 찾아 기꺼이 자신에게 유리하게 이용할 만반의 준비를 하는 사람들이 늘 상대적 혜택을 보는 것이 아닌지 우려하곤 했다. 우리 사회 시스템 전체가 상전이를 하지 못하면 대학 입시에 대한 믿음은 영원히 그대로 살아있다.

2016년 가을부터 시작된 우리 사회의 변화는 뜨거운 겨울을 지나 2017년 5월의 대선으로 한 단계가 마무리되었다. 4월 혁명이나 6월 항쟁 등 늘 끝이 이상하게 뒤틀린 과거

역사에 비하면 이번에는 다를지도 모르겠다. 이 변화가 대한민국을 완전히 새로운 상으로 전이시킬 수 있을까? 두 가지 가능한 방법이 있다. 첫째는 물을 끓이려면 온도가 섭씨 100℃가 될 때까지 엄청난 에너지를 물에 주입해야 하는 것처럼 사회 전체에 에너지를 공급하는 것이다. 둘째는 국민들 사이의 상호작용을 조절하여 상전이가 일어나기 쉽게 하는 것이다. 예를 들어 물의 끓는점은 100℃로 높지만 산소는 영하 183℃만 넘으면 기체 상태다.

현재 일어나고 있는 우리나라의 변화는 이 두 가지가 모두 관계있는 것처럼 보인다. 비선 실세의 국정농단으로 폭발한 범국민적 분노는 촛불혁명으로 불리며 우리 사회를 변화시킬 수 있는 충분한 에너지를 공급했다. 또한 SNS로 대표되는 의사소통 구조의 변화는 사람들 사이의 상호작용을 근본적으로 변화시키고 있다. 스마트폰과 무선 인터넷의 발달로 사람들은 사이버 공간에 거의 항상 연결되어있다. 유통되는 정보의 양이나 전달 속도, 의견 교환 등 모든 면에서 과거와는 질적으로 달라졌다. 정보 전달에 시간도 거의 걸리지 않는다. 이러한 변화는 사람들 사이의 상호작용을 훨씬 강화하고 어떤 한 사람이 영향을 미칠 수 있는 물리적 거리를 사실상 무한대에 가깝게 만든다. 이는 상전이 물리학의 관점에서 보면 매우 중대한 변화에 해당한다. 어느 한 입자의 영향력이 미치는 거리를 물리 용어로 '상관 거리'라 하는데 상관 거리가 무한대가 되는 것은 물질의 상태가 임계점에 도달했을 때 일어나는 현상이다.

대한민국에 넘쳐 났던 변화를 갈망하는 에너지, 사람들의 상시적 연결 네트워크, 그리고 무한대의 상관 거리는 서로 상승작용을 일으켜 완전히 새로운 대한민국으로 상전이를 이끌어낼 수 있을지 모른다. 시간이 지남에 따라 새 정부의 개혁 작업이 자리를 잡아가고 변화를 갈망하는 국민들의 에너지도 떨어질 것이다. 그리고 우리나라는 미지의 어떤 새로운 '상'에 정착할 것이다. 변화한 상에서도 대학 입시는 인생을 결정짓는 중요한 사건으로 남아있을까? 99%의 학생이 물리II를 외면할까? 이번만은 다르기를 기대한다.

| 사진 출처 |

p031
European Southern Observatory (ESO), CC BY-SA 4.0

p065
Timm Weitkamp-Wikimedia, CC BY-SA 3.0

p083
NASA/JHUAPL/SwRI

p165
NASA/JHUAPL/SwRI